5-7, rue de l'Ecole-Polytechnique, 75005 Paris

www.editions-harmattan.fr

ISBN : 978-2-343-17125-8
EAN : 9782343171258

# A l’origine des sensations, des émotions et de la raison

*J’aime donc je suis*

**Questions contemporaines**

*Collection dirigée par Jean-Paul Chagnollaud, Bruno Péquignot et Denis Rolland*

Chômage, exclusion, globalisation… Jamais les « questions contemporaines » n'ont été aussi nombreuses et aussi complexes à appréhender. Le pari de la collection « Questions contemporaines » est d'offrir un espace de réflexion et de débat à tous ceux, chercheurs, militants ou praticiens, qui osent penser autrement, exprimer des idées neuves et ouvrir de nouvelles pistes à la réflexion collective.

**Dernières parutions**

*Najwa EL HAÏTÉ, Laïcité et République, Considérations sur la République Française, 2019.*
*Joseph DIÉMÉ, La répudiation du tribalisme sous l'ère Barack Hussein Obama, 2019.*
*Pierre EGLOFF, L'homme augmenté, l'homme diminué, 2019.*
*Bruno PÉQUIGNOT (dir.), Les industries culturelles et créatives dans la mondialisation, 2019.*
*Etienne LEVESQUE, Les impôts du bonheur, Pour une révolution fiscale écologique et européenne, 2019.*
*Jean-François KESLER, Les idées politiques et les partis en France, La force des idées, la logique des organisations, 2019.*
*Jean-Claude ALBERIGO, Jacky GIRAL, Pour une démocratie citoyenne, 2018.*
*Claude GEOFFROY, La Chine, miroir de nos passions Radiographie de la sinophilie et de la sinophobie, 2018.*
*Xavier RAGAGE, L'éthique d'Aristote appliquée aux entrepreneurs, 2019.*
*Ophélie WATTIER, La langue française : un usage genré, 2019.*
*Jean-Louis BISCHOFF, Fait religieux, éducation et entreprises, 2018.*
*Jean-Claude ALBERIGO, Jacky GIRAL, Pour une démocratie citoyenne, Partager le pouvoir, 2018.*

Guy Vallancien

# A l'origine des sensations, des émotions et de la raison

*J'aime donc je suis*

L'Harmattan

## DU MÊME AUTEUR

*Les hommes aussi ont leurs secrets* Editions du Rocher 1998

*La révolution médicale* co-auteur Le Seuil 2003

*La santé n'est pas un droit* Bourin éditeurs 2007

*La médecine sans médecin ?* Gallimard 2015

*Homo artificialis* Michalon 2017

*À toi*

# Sommaire

# Ouverture

> Le ciel dure, la terre persiste, qu'est-ce donc qui les fait persister et durer ? Ils ne vivent point pour eux-mêmes, voilà ce qui les fait durer et persister.
>
> Lao Tseu, *Tao Té King*

Ne me demandez pas de répondre au pourquoi de notre présence au monde, tentative irrémédiablement vaine sauf à croire en un destin venu du ciel, mais laissez-moi au moins l'espoir de comprendre un peu mieux de quoi nous sommes faits et comment nous fonctionnons : L'Homme, dans sa dénomination générique, c'est à dire vous, moi, nous, n'est en rien le maitre ni le propriétaire de l'Univers. Il apparait seulement comme son pauvre locataire, impatient, insatisfait et temporaire, non durable, statut qui ne l'empêche pas de penser à demain, d'inventer, de rêver. Qui d'autre se sachant mortel se fatiguerait-il ainsi à vouloir transformer le monde brutal qui l'héberge ?

Disséquer l'étrange machine que je suis, mystérieux agencement moléculaire capable de prévoir à long terme, d'élaborer des symboles impalpables, d'exploser de joie comme de fondre en larmes ; défricher l'amalgame inouï des éléments qui me façonnent dans une imprévisible alchimie afin d'entrevoir ce qui me pousse à communiquer, créer, partager, compatir et aimer, en un mot : à être ! Voyage dans le temps et l'espace depuis l'émergence des particules élémentaires jusqu'à l'avènement de ce bipède pensant et râleur qui ne cesse de s'interroger sur lui-même.

L'Homme n'avait pourtant, au départ, rien d'un super héros pour se libérer à ce point des contingences naturelles jusqu'à forger son autonomie à nulle autre pareille : un corps sans longue queue ni défenses, pas de griffes ni de crocs, juste de mauvais ongles et des petites canines. Des réflexes lents, une force modérée, une vision diurne médiocre au spectre limité, des oreilles qui ne captent que les sons et à faible distance, un nez qui ne sent pas grand-chose et des pieds qui ne perçoivent pas les vibrations lointaines. Ajoutons à ce tableau peu flatteur une vitesse de pointe minable à être dévoré en moins de deux par un guépard ou un crocodile, une gestation donnant naissance à une progéniture en tout petit nombre, lente à s'émanciper, sans commune mesure avec les millions d'œufs pondus ou les portées qui se dressent sur leurs pattes dès la mise bas. Incapable de vivre sous l'eau, nageant mal, équipé d'une peau sans fourrure ! Qui aurait parié sur l'avenir de ce curieux animal en tout point médiocre dans un univers sans pitié où la meute attaque le trainard solitaire, ou le rapide capture le lent et le fort tue le faible ? Comment cet individu sans qualités premières s'en est-il sorti pour conquérir la planète et la dompter à sa main dans une liberté d'agir toujours plus grande ? N'ayant aucun attribut physiologique particulier il lui restait une seule issue pour survivre : réfléchir afin de prévoir son avenir et inventer jusqu'aux symboles qui le font agir et se dépasser. Tailler des silex, faire du feu, créer des outils pour s'abriter sous des huttes avant de se fixer pour cultiver la terre, domestiquer des animaux, se regrouper en villages puis en villes, cités, royaumes, états, empires et sociétés de plus en plus complexes et intriquées afin de produire pour subsister, commercer et s'enrichir en s'éparpillant sur toute la surface du globe. Il créa et mit à sa disposition des biens qui améliorèrent sa vie au quotidien. Pour réussir ce pari insensé, unique dans la nature, il lui fallut apprendre comment l'Univers fonctionne, des atomes aux galaxies, en vue de maitriser le présent et prévoir son avenir. Il développa donc les deux armes qu'il possédait : en premier lieu son intelligence qui lui facilita l'analyse de son environnement pour mieux jouer de ses opportunités en anticipant. Elle lui permit en même temps de s'examiner lui-même en s'introspectant. Parallèlement, il exacerba son exceptionnel talent de communiquant allant jusqu'à inventer un langage complexe non seulement parlé, mais écrit, lui ouvrant des échanges infinis avec les autres. Il sut ainsi enrichir son apprentissage en organisant des cours d'orthographe, d'arithmétique, de physique, de philosophie, de littérature, de musique, de cuisine et de couture comme aucun animal ne le fit jamais…La synergie de ces deux qualités majeures renforça considérablement son autonomie l'amenant à conquérir sa liberté grâce à des prises de risque calculées au fur et à mesure qu'il se connaissait lui-même de mieux en mieux en dominant peu à peu son environnement.

Compensant ses manques physiques par une incontestable puissance d'analyse des situations combinée à sa capacité de projection des actions à mener, l'Homme s'avère à la fois le plus égoïste et le plus sociable des animaux. Trimbalant sa carcasse d'explorateur infatigable à la découverte de cette grosse boule bleue qui l'héberge en virevoltant sur elle-même, il s'aventura dans l'espace jusqu'à fouler le sol de la lune et rêve de s'installer sur Mars. Rien n'arrête sa volonté de coloniser l'univers. Fuite en avant pour ne pas avoir à se regarder lui-même ou désir de comprendre ce qu'il est au sein d'un monde dont il ne perçoit pas la finalité ?

Sa quête vers la liberté suivit un long chemin semé d'embûches innombrables. Elle le vit s'extraire d'une double emprise génétique et sociale, osant défier ses origines et enfreindre traditions et lois pour aller vers plus d'êtres en risquant sa peau au nom de concepts et de valeurs qu'il créa de toutes pièces. Cette soif existentielle culmina dans sa capacité à dire non, à s'élever contre les oukases qu'il réprouve, à désobéir aux ordres qui attentent à la liberté de sa personne. Dans le règne du vivant, seul l'Homme acquit cette volonté d'être au point de faire don de soi en pleine conscience au nom d'un idéal.

Mais quelles causes, quelles raisons, quelles pulsions le firent-elles s'activer de la sorte ? La volonté de puissance, le goût de la violence, l'appât du gain et l'attrait du pouvoir, l'envie de sexe et la jalousie ou la soif du partage, d'eau fraiche et d'amour guideraient-ils les énergies qui l'agitent ? *« Que serais-je sans toi qui vins à ma rencontre, que serais-je sans toi qu'un cœur au bois dormant ? »* répond Aragon. En effet, l'Homme se révèle d'abord et avant tout comme un être de compassion et d'amour que ne peuvent vaincre les bouffées de haine et de violence parfois monstrueuses qui l'entrainent à commettre les pires horreurs en toute conscience de faire mal. Sa sociabilité dépasse de loin son égoïsme me donnant l'espoir chevillé au corps d'un futur plus radieux. Ou plutôt, son égoïsme fut obligé d'être social, car depuis les appariements des premières particules élémentaires en atomes puis en molécules, la nature ne cessa de collaborer. Elle intégra parfaitement dans la progression de sa complexité que la substance isolée était condamnée à disparaitre. Elle comprit que l'échange et le partage formaient les piliers d'une vie commune supportable et finalement elle inventa la reproduction pour dépasser la mort. Non pas la vaincre, mais transmettre le bâton aux suivants en lui faisant un joli pied de nez.

## Je suis l'imagination de moi-même

La recherche de la vérité me fournirait-elle un alibi pour mieux me connaitre ? Mais la vérité n'est qu'un mot sans réelle épaisseur, juste bon à se rassurer. De quoi serais-je sûr quand mes sens m'empêchent de voir, d'entendre, de sentir, de gouter, de toucher et de penser le monde tel qu'il est ou plutôt tel qu'il devient. En même temps qu'ils m'informent mes sens me trahissent dans leur imperfection à percevoir le réel dont je ne suis en rien certain qu'il existe. En effet, chacun d'entre nous vit dans un univers personnel et social reconstruit en permanence par son cerveau à partir de ses sensations, créant son propre monde, chacun le sien et un plus grand pour tous. Nous sommes les imaginations de nous-mêmes, tous différents, sans universalité biologique ni spirituelle. Ma réalité n'est pas la vôtre et nos vérités sont culturelles, mouvantes et fragiles, comme le sont les éléments naturels que nous croyons à tort immuables. Si aujourd'hui la terre fait sa révolution sur elle-même en vingt-quatre heures, il n'en fut pas toujours ainsi. À la fin du dix-septième siècle l'astronome Edmond Halley après avoir prévu la date du passage près de la Terre de la comète éponyme constata que notre planète ralentissait sa rotation de deux millisecondes par siècle, soit une heure tous les deux cents millions d'années. Il y a un milliard d'années, elle tournait en dix-neuf heures. Dans six cents millions d'années, les journées auront vingt-sept heures, de quoi faire de longues siestes sous ma couette ! Certains pensent même que la Terre s'arrêtera de tourner atteignant un point zéro avant de repartir dans l'autre sens. Alors le Soleil se lèvera à l'Ouest pour se coucher à l'Est ! Ce que nous observons comme vrai aujourd'hui en ouvrant nos volets le matin deviendra faux demain le soir en les fermant.

Plus étrange, la Terre elle-même n'est pas fixe, mais visqueuse. Elle se déforme en bougeant sans cesse. La croûte terrestre, ce bon plancher des vaches qui nous supporte, se promène. Elle se déplace verticalement deux fois par jour sous l'effet de l'attraction lunaire. Comme les marées elle monte et descend d'environ soixante-dix centimètres dans les grandes plaines à blé e de Beauce et un peu moins dans les forêts des Ardenne du beau pays de

France expliquant les variations de débit des sources selon les heures de la journée, phénomène que les Romains avaient déjà repéré. Rien n'est stable, tout branle, se meut, tout évolue sans crier gare ni demander notre avis !

Alors, sceptique par raison et optimiste par volonté, malgré mes œillères je cherche simplement à m'orienter dans ce fatras d'informations innombrables parfois contradictoires. Je chemine par touches successives pour tenter de comprendre ce qui me fait être vivant et en partie libre de mes choix sachant que dès demain ou après-demain de nouvelles découvertes mettront à bas le peu de certitudes que j'aurai glanées.

## Le vieux monde vacille, un autre émerge

Depuis un demi-siècle, l'accumulation exponentielle des données scientifiques et leurs manipulations par des algorithmes de plus en plus puissants modifient radicalement la perception du monde dans lequel nous sommes immergés et par ricochet la nôtre même. La vieille philosophie hoquette dans les gasps d'une pensée asséchée par son ignorance scientifique ; les religions patinent, repliées sur elles-mêmes dans des rites qui ont laissé leur magie aux porches des églises, à moins qu'elles ne sombrent dans une radicalité nihiliste ; les sociétés tanguent sous la pression des opinions, girouettes excitées par des réseaux qui n'ont de sociaux que l'appellation et les individus, paumés, se jettent au cou de n'importe quel faiseur de discours racoleur s'ils ne sombrent pas dans les totalitarismes. Toute l'économie du monde, quelle que soit son champ d'action vacille telle la médecine, vieux métier nourri de traditions qui subit les assauts des machines intelligentes et des robots prêts à lui piquer son boulot. Le bon docteur Horace Bianchon, héros de Balzac, est mort n'en déplaise à certains confrères qui s'accrochent comme des morpions à leurs vieilles habitudes dépassées, braillant à la mort de la médecine libérale ou à l'agonie de l'hôpital avec des trémolos dans le gosier.

Plus de boussole pour suivre un cap, plus de grands défis à se faire tuer pour la bonne cause. On vitupère pour faire semblant d'exister, mais en fait, on se recroqueville alors qu'un ouragan de technologies prédatrices souffle prêt à détruire tout ce qui s'oppose à sa progression, emportant avec lui les fondations d'un monde qui se croyait presque immortel. L'ogre numérique ouvrira-t-il grand ses mâchoires pour m'avaler tout cru quand l'Univers qui s'expand sans retour possible m'offre au mieux un simple billet one-way vers l'inconnu ? Où se situe mon avenir dans ces choix effrayants ? Qui peut me répondre afin de donner sens à ma vie ?

Alors que nous vivons en France sous un climat tempéré, bercés dans un environnement confortable et sécurisé, l'angoisse nous envahit et la dépression nous guette. Mal-être, harcèlement, burn-out, suicides, des mots que nous ne prononcions guère auparavant. Était-ce la cause d'une omerta que la société d'alors faisait planer pour se défausser d'en rechercher les racines, ou les individus qui la composent aujourd'hui sont-ils plus fragiles ? Le déferlement d'informations verbales, écrites ou imagées tous azimuts à faire vibrer en permanence nos smartphones jusque dans nos sacs ou la poche de nos pantalons, ne saturerait-il pas nos connexions neuronales au point qu'elles disjonctent ? Champions du monde de la consommation d'antidépresseurs, les Français se shootent de plus en plus jeunes à n'importe quel produit toxique et passent des heures devant leurs écrans sur-brillants à en perturber gravement leur rythme nycthéméral : bref, on va mal, on rit moins, on déprime. Il faut gagner une Coupe du Monde de football pour voir la cote de notre satisfaction personnelle grimper de vingt points dans les sondages alors qu'à part Didier Deschamps emmenant Killian Mbbapé et sa bande de copains vers la victoire nous n'y sommes pour rien. Triste d'en arriver là ! Normalisés, précautionnés, sur-assistés, banalisés, puritanisés à la bien-pensance omniprésente qui étale sa toile étouffante, aurions-nous perdu la volonté d'être, le goût du risque et la fureur de vivre, ces moteurs de toute existence ?

En comparaison, quelle secrète alliance reliait les dangers incessants qui assaillaient nos ancêtres de toutes parts aux fêtes qu'ils organisaient, emportés par des danses échevelées au son des tambours battant au rythme de leurs pulsations ? Comment pouvait-on vivre heureux quand les maladies terrassaient la moitié des enfants avant l'âge de cinq ans, quand les famines poussaient au cannibalisme, les bandes armées violaient les femmes et brûlaient les fermes, les épidémies décimaient villes et villages ? L'été 1348, en moins de deux mois, la Peste Noire transmise par les troupes mongoles de la Horde d'Or depuis la Crimée emporta la moitié des habitants de Givry en Bourgogne, le mal silencieux remontant vers toute l'Europe par Marseille où s'amarraient les navires génois. Au dix-huitième siècle, Jean Sébastien Bach perdit dix enfants sur les vingt qu'il eut de Barbara et d'Anna Magdalena ce qui ne l'empêchât pas de composer les œuvres les plus abouties en termes d'équilibre, de joie, de foi comme la cantate « *Jesus bleibet meine Freude* ». Un siècle plus tard sur les treize enfants de la famille Schubert, seuls cinq survécurent dont Franz qui écrivit les notes sublimes du quatuor *La jeune fille et la mort*. Aurions-nous, enfants de la Sécurité Sociale et des assurances à tout va, perdu un certain appétit de vivre, de risquer d'être ?

Nous plaçons au plus haut dans les sondages d'opinion la santé et le bonheur, plébiscités comme les éléments nécessaires à une vie bonne. Nous allons de mieux en mieux physiquement, gagnons une année de vie tous les trois ans tout en maugréant sur notre sort, nantis et protégés incapables de réaliser quels progrès immenses nous ont amené à ce stade d'une vie meilleure. Les habitants de Chittagong au Bangladesh se sentent beaucoup plus heureux que nous alors que leurs conditions de vie sont autrement plus rudes comme si la satisfaction d'être se calculait à l'inverse de la richesse par tête d'habitant. Avoir et être s'opposeraient-ils dans un combat sans issue ?

Coucounés dans ce vieux monde de repus, pouvons-nous encore nous payer le luxe de continuer à nous divertir ? En train de se faire tirer le portrait par Quentin Latour à Versailles la Pompadour lançant « *Après nous le déluge* ! » à Louis XV furieux d'avoir perdu la bataille de Rossbach est-elle vraiment notre modèle de vie ? Ce n'est peut-être pas le déluge qui nous attend, mais une transformation profonde de nous-mêmes sous l'impulsion des objets numériques qui nous entourent et des connexions innombrables qui cannibalisent nos vies. Le temps presse ; il y a urgence à prendre conscience des enjeux que suscitent ces joujoux sortis de nos cerveaux et fabriqués de toutes pièces de nos propres mains, l'intelligence artificielle (I.A.), la robotique et la génomique, instruments aussi utiles que dérangeants. Au travers de leur efficacité c'est la question de l'Homme qui est posée, non pas en termes de domination d'une I.A. à la puissance décuplée qui atteindrait jusqu'à l'émotion comme le prophétise Ray Kurzweil dont je ne partage en rien la vision transhumaniste, mais en termes d'interrogation sur le concept de « nature humaine ». Ces machines dites intelligentes nous renvoient brutalement à ce que nous sommes et on pourrait se faire peur ! Le numérique amène le biologique et son niveau le plus abouti, le spirituel, à se redéfinir nous obligeant à repenser les fondamentaux qui nous meuvent et nous émeuvent en cette période de mutation planétaire sans précédent. Dans ce charivari la vieille Europe piétine dans un monde qui galope. Sans plus de repères civilisationnels nouveaux elle s'enfonce dans le repli sur soi et se désagrège dans la division, symptômes annonceurs possibles voire probables de sa fin. Elle marmonne ses vieux idéaux ressassés avec la faible voix d'un continent usé qui n'a plus vraiment envie d'être. Il y a danger ! Qui prendra la barre pour redresser le cap avant d'être englouti par l'ouragan asiatique ?

Nulle prétention de ma part à bâtir un nouveau système philosophique, j'en suis tout à fait incapable. Je m'interroge tout simplement, interpellé par les données de la science qui bouleversent notre univers de terriens lents et pataudss. Elles chamboulent nos vieux concepts discutés depuis des siècles au cours d'infinies palabres dont l'ésotérisme frisait parfois la secte. Alors, si nous ne savons pas pourquoi nous sommes là, tâchons au moins d'entrevoir de quoi nous sommes faits sans même chercher à comprendre où nous allons, laissant au vestiaire les paradis psalmodiés sous les clochers et les divagations des futurologues qui dessinent des mondes irréels à faire frissonner les foules avides de sensations fortes.

Pour espérer mieux me comprendre, il me fallait revenir à la genèse des particules élémentaires puis des atomes afin de rappeler que la matière nous a construit au prix de combinaisons de plus en plus sophistiquées. Le biologique germa d'un environnement physique improprement dénommé « inerte », mais déjà dynamique. Il se transforma sur près de quatre milliards d'années pour créer d'innombrables organismes dont le salut tint à leurs capacités d'adaptation au milieu ambiant avant que la conscience humaine, cette faculté de nous jeter un regard sur nous-mêmes, ne vienne rompre la brutalité de l'Évolution. Dans cette longue histoire, l'avènement de l'Homme fut une rupture magistrale qui interrompit la loi darwinienne de la prime au mieux adapté pour se pencher sur le plus faible, tendre la main au plus petit et au plus fragile dans une relation unique de partage, de compassion et d'amour.

Aujourd'hui, nouvelle venue au grand village planétaire l'intelligence artificielle envahit nos vies. Elle s'immisce silencieusement dans les moindres recoins de nos circonvolutions cérébrales. Saluons-la à la hauteur de sa puissance espérant la voir nous libérer des nombreuses contraintes qui accaparent nos neurones et dilapident le temps qui nous est compté. Accueillons-la pour nous aider à développer notre imagination sans nous asservir en esclaves dociles et consentants dans les affres de ses nuisances intrusives. Apprenons à manier les outils numériques que nous avons délibérément inventés afin de nous aider à réaliser ce à quoi nous sommes destinés : Être ensemble, au plus profond de nos relations intimes, partager, nous aimer sans limites aujourd'hui et tous les jours qui nous restent à vivre sur un astre à la mort programmée.

Excités, dogmatiques, radicaux, sectaires, fachos, racistes, antiféministes, homophobes, antisémites, fatigués, frustrés, geignards, grossiers, goujats, impolis et autres bénis oui-oui abstenez-vous de tourner la page ! Bienvenue en revanche à tous les autres qui voudraient m'accompagner dans ce voyage au cœur de nous-mêmes.

Le lecteur pressé pourra se contenter de lire l'Ouverture et le Point d'orgue qui forment un résumé acceptable. Celui qui a plus de temps lira l'Ouverture, le chapitres 5 sur l'homme normal, le 6 sur le progrès, le 7 sur le monde en friche et le Point d'orgue. Les plus courageux parcourront la totalité du livre y compris les explications scientifiques et techniques inclues aux chapitres 1 sur la matière, 2 sur la biologie, 3 sur la machine humaine et 4 sur la conscience.

Enfin je remercie du fond du cœur celles et ceux qui ont analysé et critiqué ces pages avant qu'elles ne soient publiées : Antonio Damasio, Jean Noel Destremau, Aurore Dionnet, Etienne Klein, Olivier Missoffe, Erik Orsenna et Axelle Vallancien.

# CHAPITRE 1

# À l'origine, l'énergie et la matière

Il y a plus de choses dans le ciel et sur la terre, Horacio, que celles rêvées dans ta philosophie.
William Shakespeare, *Hamlet*

Contrairement à la notion couramment répandue, tout n'a pas commencé dans un gigantesque feu d'artifice cosmique, un « Big Bang ». L'Univers s'est développé il y a 13,8 milliards d'années dans le silence et le noir sidéral d'un évènement qui n'a fait ni bang, ni boum, ni plouf, ni crac… Cet instant n'était même pas Big, mais au contraire tout petit quoique d'une puissance phénoménale : fluctuations intenses d'énergie considérable dans un espace infinitésimal porté à une température à milliards de degrés.

Les astrophysiciens s'arrachent les cheveux qui leur restent sur la tête pour définir exactement ce qui s'est passé depuis que l'un d'entre eux, Georges Lemaître, publia en 1927 un article dans les Annales de la société scientifique de Bruxelles sur l'idée d'un Univers en expansion puis un peu plus tard sur celle d'un atome primitif, concept révolutionnaire. Dès lors mes collègues chercheurs passèrent leur temps à inventer les scenarii les plus audacieux comme les plus poétiques jusqu'à évoquer une origine mathématique à l'Univers. Certains parlent de multivers, ces univers parallèles qui se frottent les uns aux autres. D'autres inventent des Univers informationnels, nouvelle mode du tout connecté. Les plus hardis s'aventurent à parler d'une théorie des « cordes » bouts de ficelles infinitésimaux, ondes vibrantes qui se mélangeraient en se renforçant au niveau de leurs nœuds. En revanche la théorie des « branes », ces objets improbables qui posséderaient une énergie sous forme de tension, me donne une foutue migraine ! Le concept de supersymétrie, autre proposition, postule qu'à chaque particule est associée une autre particule tels les fermions, constituants de la matière et les bosons qui sont des vecteurs de force, mais personne n'a encore détecté une particule supersymétrique à ce jour !

Ainsi les spécialistes qui décortiquent les espaces sont-ils de vrais artistes qui nous peignent des mondes de toutes les formes et de toutes les couleurs, mais il y a fort à parier que nous n'aurons jamais les moyens de sélectionner la bonne option tant la complexité du monde est insondable. Toutefois ces cosmologistes s'accordent sur un point fondamental : l'univers ne serait pas né comme ça, de rien. Il a probablement existé un univers d'avant le nôtre ainsi qu'un moment très particulier pour faire la liaison entre les deux. La possibilité que ce soi-disant Big sans Bang ne fût que la suite d'un Big Crunch, une contraction, un effondrement d'un autre univers qui serait reparti de plus belle, tient la route. Dans une telle hypothèse, la matière et l'énergie se seraient faufilées par un minuscule petit trou d'aiguille pour vivre une nouvelle aventure.

Je n'ai nullement les connaissances pour discuter du comment de cet évènement qui ne serait donc pas primordial, mais penser que de rien puisse émerger quelque chose m'apparaissait bien compliqué à comprendre malgré des tonnes de pages et de discussions philosophico-religieuses sur le sujet.

## Mythes et légendes

Les mythes antiques nous offrent une panoplie étoffée des premiers pas de l'Univers et des planètes. Leurs descriptions sont loin d'être absurdes car, mystérieusement, elles contiennent souvent une part de vérité scientifique expliquée sous des formes imagées comme si des mémoires avaient colligé des informations dès l'origine :

Dans la tradition inuite, ce sont des pierres tombées du ciel qui s'agglomérèrent pour former la Terre, version ancestrale la plus proche parmi tous ces récits de la vision des astrophysiciens.

Chez les Sumériens, au commencement était le grand océan chaotique Nammu d'où naquit la montagne cosmique Anki à la fois mâle et femelle qui engendra un fils Enki créateur de l'Homme auquel un autre de ses enfants, Enlil, offrit une pioche pour cultiver la terre… et au boulot !

La tradition hindoue des Rig Veda est troublante en ce qu'elle met à égalité l'être et le non-être « *il n'y avait ni le non-être ni l'être. Il n'y avait ni air, ni firmament, Qui portait le monde ? Qu'englobait-il ? Où était l'eau sans fond, impénétrable ? Il n'y avait ni mort, ni vie, il n'y avait alors aucune manifestation, de nuit comme de jour ; puis l'existence apparue, le Un fut, le souffle apparu.* » Le souffle déjà, précédant la notion du *pneuma* grec, source de la vie.

En Chine, le plus grand récit cosmogonique décrit la création du monde par un dieu originel nommé Pan-Gu. Né de la rencontre du Yin et du Yang, les deux états primordiaux indissociables de l'univers. Pan-Gu surgit d'un énorme œuf qui existait dans les ténèbres à l'intérieur duquel il se développa pendant dix-huit mille ans avant de fendre sa coquille avec une hache. La partie transparente et légère de l'œuf, le blanc, se mit à flotter pour former le ciel et la partie lourde et opaque, le jaune, forma la terre. Pour maintenir la Grande Harmonie du monde, respecter l'Ordre universel que l'homme ne saurait déranger, le Ciel insuffla à l'empereur, son représentant sur Terre, une puissance spirituelle le Ren qui chez Confucius signifie la bienveillance. L'empereur tout attentif qu'il soit à ses sujets se doit en même temps de faire respecter la loi, mais à sens unique : Les hommes ont des devoirs mais aucun droit. Comme leur cohésion est indispensable pour défendre l'intérêt commun afin de rejoindre la grande harmonie, leurs revendications sont exclues. L'individu n'existe pas, seul le groupe compte. Avant de critiquer le modèle chinois nous ferions bien de comprendre comment un milliard trois cent quatre-vingts millions d'hommes et de femme pensent leurs rapports interpersonnels et sociaux. Je ne fais pas partie des quatre-vingt-dix millions de membres du parti communiste chinois mais la démocratie telle que nous la pratiquons en France devra faire l'objet d'une réflexion approfondie sur de nouvelles formes d'expression de la volonté populaire amenant à une organisation des pouvoirs plus en phase avec les temps que nous vivons. N'avons-nous pas poussé au-delà du raisonnable la promotion de l'individu roi devenu un suprême égoïste sans couronne qui, oubliant ses devoirs, se targue de revendiquer uniquement « *ses* » droits sans même penser à ceux des autres ? Il lui faut tout, immédiatement et gratuitement, gougeât mal élevé jaloux du voisin.

Dans la Bible, le texte de la Genèse indique qu'au commencement, Dieu créa le Ciel et la Terre. En fait il sépara d'abord la lumière des ténèbres le premier jour, puis le firmament des eaux au deuxième jour, et la Terre apparut quand Dieu dit : *« Que les eaux qui sont au-dessous du ciel se rassemblent en un seul lieu, et que le sec paraisse. Et il en fut ainsi. Dieu appela le sec, Terre, et il appela l'amas des eaux, Mers. Dieu vit que cela était bon. Ce fut le troisième jour ».*

Ainsi chaque civilisation y va de sa petite histoire pour raconter la grande, récits poétiques étranges qui traduisent des intuitions que la physique retrouve parfois dans ses équations et ses modèles d'univers en moins folkloriques.

## Évènements énormes… et minuscules

L'existence d'un point infime d'une densité exceptionnelle dégageant une chaleur inimaginable qui va s'expandre à une vitesse incroyable à l'origine de notre univers correspond aujourd'hui au modèle dit « standard » des astrophysiciens dont l'histoire peut se résumer ainsi brièvement : En une fraction infinitésimale de l'ordre de 10-30 sec. soit un mille milliardième de milliards de milliards de seconde, le rayon de l'univers aurait augmenté d'un facteur supérieur à mille. Voilà des chiffres que l'on peut honnêtement qualifier d'astronomiques ! Plus surprenant, à cet instant l'univers avait déjà une histoire d'une durée encore plus brève, inconcevable à l'échelle de notre temps : 10-44 seconde (ajoutez encore cent mille milliards de seconde au chiffre précédent) lorsque le soi-disant « Big Bang » se produisit. Cette durée brévissime aurait regroupé en une seule entité, appelée Superforce, les quatre forces physiques fondamentales que sont l'électromagnétisme, l'interaction nucléaire faible, l'interaction nucléaire forte et la gravité qui modèlent le monde en gérant les rapports des particules élémentaires et des atomes entre eux. Ces forces sont celles qui me font tenir debout, marcher les pieds sur terre en fendant l'air, m'asseoir sur une chaise sans qu'elle s'écroule tout en m'empêchant de passer au travers d'un mur de pierre.

Ce point hyperdense initial aurait dégagé une température à plusieurs milliards de degrés, empêchant les atomes de se former tant les mouvements des particules primordiales qu'il contenait, étaient violents et désordonnés, une bousculade indescriptible sous l'effet de la chaleur.

L'Univers avait alors l'aspect d'une « soupe primitive » comme l'appela le biochimiste Alexandre Oparine, un magma extrêmement dense et chaud dans lequel se baladaient sans entraves les premières particules, tels les gluons, les quarks et les bosons, sans que l'on sache d'où elles provenaient elles-mêmes. Il ressemblait alors plus à un Enfer qu'à un Paradis, nuage noir sans lumière, soumis à une température inimaginable.

Un cent millième de seconde après, la baisse de température ultra rapide de ce plasma primordial permit aux gluons, de vrais pots de colle d'où leur nom, d'entamer le travail d'agglutination des petits quarks créant en quelques brèves secondes les électrons puis les protons et les neutrons qui composeront les noyaux des atomes de nos corps. À peine trois minutes plus tard, très occupées à consolider leur vie commune, ces particules se lièrent à leur tour pour former les premiers atomes légers qui vont monter tous neufs sur la grande scène de l'univers débutant, tel l'Hydrogène (H) l'atome le plus simple fait d'un proton et d'un électron et l'Hélium (He), les deux éléments les plus abondants de tout l'univers, retrouvés dans toutes les nébuleuses et toutes les étoiles. Cette phase baptisée « *nucléosynthèse primordiale* » nous fit rentrer dans la grande communion de la matière grâce aux échanges et à la cohésion des particules. On pénétra alors de plein pied dans ce que deviendra la vie que nous connaissons, faite de collaborations. Mais était-on déjà dans l'intelligence d'un assemblage en voie de structuration, ou bien la nature jouait-elle simplement à la roulette ? Difficile de se fier à un simple hasard. Sans chercher à parler d'un destin, on ne peut que constater l'existence d'innombrables interactions infinitésimales primitives. Les particules vont se lier et se désintégrer sans cesse, amours et haines primordiales de la vie débutante.

Un peu moins de quatre cent mille ans plus tard, un temps infini pour vous et moi, mais à peine 0, 002 % de la durée de l'univers, les atomes plus lourds comme le Carbone dont nous sommes en grande partie composés virent le jour à leur tour. En même temps les photons entrèrent plus rarement en collision avec les autres éléments primordiaux sous l'effet de la baisse de température qui les rendit moins exubérants. Ils se promenèrent plus libres de leurs mouvements, comme des grands, sans risques de buter contre d'autres particules et s'en donnèrent à cœur joie pour créer la lumière, permettant à Dieu d'annoncer fièrement « *Que la lumière soit !* » Et la lumière fut, mais il faudra patienter encore deux cents millions d'années pour que les premières galaxies se mettent à étinceler dans le ciel de leurs réactions nucléaires gigantesques.

S'il fallait résumer cette phase de l'univers débutant, nous conviendrons qu'il s'est agi d'une véritable fournaise à faire pâlir Vulcain de jalousie, mais si les astrophysiciens ont appris beaucoup de choses, ils ne savent toujours pas exactement ce qui s'est réellement passé comme l'indique avec élégance et humilité Etienne Klein dans son *Discours sur l'origine de l'univers.* Confrontés aux limites des appareils d'investigations et de mesure qui ne sont ni assez puissants ni assez fins pour les éclairer, les chercheurs en sont réduits à imaginer des scenarii au déroulement à tout le moins compliqué, schémas théoriques d'explication d'une nature qui semble ne rien laisser au hasard, vaine excuse de nos ignorances. « *La théorie c'est quand on sait tout et que rien ne fonctionne et la pratique c'est quand tout fonctionne et que personne ne sait pourquoi* » constatait Einstein désabusé.

Comble de l'incertitude qui règne dans le monde scientifique, les particules dites élémentaires comme les quarks ne seraient peut-être pas les plus petites entités physiques de la matière ! Mais pour repérer des particules encore plus fines, il faudrait créer des collisions d'une violence telle que les accélérateurs actuels comme l'immense Large Hadron Collider (LHC) du Centre d'Etudes et de

Recherche Nucléaire (CERN) à Genève en sont incapables.

Depuis ce moment soi-disant initial qui ne le fût pas vraiment, l'expansion de l'univers s'apparente à une succession d'évènements énormes, une série d'embrasements, de feux d'artifice gigantesques, d'attractions et de répulsions infernales mettant en jeu des forces physiques colossales. Ballet dantesque au chorégraphe inconnu, aux danseurs incomptables s'entrechoquant, se percutant au sein de spirales gloutonnes soumises à l'énorme puissance de la gravitation qui attire et fait tourner les objets célestes les uns autour des autres jusqu'à les aspirer.

S'étalant sans cesse en abaissant sa température, l'univers se compose aujourd'hui de milliards de galaxies, qui contiennent elles-mêmes des milliards d'étoiles dont l'immense majorité est invisible, trop lointaines pour que leurs feux étincelants frappent nos rétines alors que nous en voyons d'autres qui ont déjà disparu. Il n'y a donc pas de réalité temporelle ni spatiale, mais uniquement des impressions sensorielles dont nos cerveaux s'emparent pour reconstruire le monde, chacun le sien dont quelques éléments concordent avec ceux des autres. Ma réalité est un état aussi précaire que la vôtre qui toutes deux ne présagent rien d'universel, ni de définitif. Elle varie au fur et à mesure des influx que l'univers et vous-même m'envoyez, que je réceptionne et vous renvoie avec plus ou moins d'intensité. Entre un univers qui s'expand, vous et moi qui imaginons nos mondes, difficile de trouver un socle de références immuables.

La Voie lactée, notre galaxie née un peu plus tard, il y a onze milliards d'années, abrite le Soleil sur son bord dans un coin au fond à droite en entrant. L'astre royal apparu il y a cinq milliards d'années provint lui-même d'un immense nuage de poussière constitué par les débris d'autres étoiles qui explosèrent après avoir consumé toute leur énergie. Les particules de ce nuage s'agglomérèrent en accélérant leur vitesse sous l'effet de l'attraction entre leurs masses, cette force de gravité qui fit tomber à la verticale une pomme de son arbre sous les yeux interrogateurs d'Isaac Newton. Elle donna aussi leur aspect sphérique aux planètes qui étrangement n'auraient pas la même forme dans un autre système physique. Lessiveuse cosmique géante qui augmenta considérablement la température en son centre pour se mettre à briller, le Soleil a atteint aujourd'hui la moitié de sa vie qui est de dix milliards d'années, lui laissant encore un peu de temps pour nous chauffer. Il n'est en fait qu'une étoile moyenne, une « naine jaune » composée d'un gigantesque nuage de gaz comprenant 75 % d'hydrogène, 23 % d'hélium et 2 % d'éléments plus lourds qui brûlent à quatorze millions de degrés en son centre. Il crache en permanence d'innombrables poussières d'étoiles, multitude de particules qui, expulsées avec une énergie considérable, parcourent l'espace. Ces poussières grossirent en se rapprochant les unes des autres, donnant naissance à des astéroïdes, qui toujours sous l'effet de la gravitation aspirèrent les autres poussières environnantes. Les astéroïdes formèrent à leur tour des protoplanètes qui fusionnèrent pour créer les planètes que nous observons actuellement dans le ciel comme Vénus, Mercure, Mars où sur laquelle nous vivons : la Terre, née il y a 4,5 milliards d'années. Un énorme manège cosmique qui continue de tourner de plus belle.

À la suite de ces évènements magistraux, il fallut encore des millions d'années pour former la Planète bleue. Composée de matière en fusion, la terre n'était à l'origine qu'une boule de feu liquide. Sa température initiale due aux collisions approchait les 4700°C avant de progressivement diminuer pour atteindre modestement 1100°C. Les atomes les plus légers remontèrent à sa surface et les plus lourds, comme le fer, s'agglutinèrent au centre pour en former le noyau. Puis la Terre entra en collision avec une protoplanète qui passait dans le coin, rencontre à l'origine possible de la formation de la Lune. Le choc d'une puissance monstrueuse aurait modifié l'axe de rotation de l'astre qui nous accueille, évènement expliquant la survenue des saisons. Le printemps serait donc né d'un accident de la route spatial à faire éclore les pâquerettes !

La surface de la Terre resta en fusion pendant encore des millions d'années. Un océan magmatique de mille kilomètres de profondeur d'où des gaz s'échappaient en permanence, dégageant une atmosphère primitive irrespirable, en tapissait sa surface sans la possibilité d'y planter la moindre carotte. La vision naïve d'une « Bonne Nature » à la J.J. Rousseau que nous rabâchent les écolâtres est un mythe. L'univers ne prétend rien d'autre qu'à être sans que nous lui trouvions de qualité spécifique ou lui cherchions une finalité particulière.

## Énergie, inertie, même combat !

L'histoire se poursuit toute aussi chaotique, imprévisible, un chantier infernal à ne pas mettre le nez dehors : Une tempête solaire, avec des vents d'une puissance incroyable, flux de particules atteignant une vitesse moyenne d'un million six cent mille kms/heure, entrecoupés d'effroyables rafales deux fois plus rapides encore, faillit détruire notre jeune planète. Ces vents solaires se dirigèrent vers la Terre, mais la magnétosphère, véritable bouclier qui l'entoure formé par de puissants courants électriques émis par son noyau de fer en fusion, la protégea. Cette ceinture magnétique qui fait tourner les aiguilles de nos compas et nous indique le Nord dévia les bourrasques cosmiques, les faisant passer à distance. Elle nous protège toujours des éruptions solaires monstrueuses en puissance et en dimensions que captent parfois nos appareils de mesure jusqu'à dérégler nos instruments électroniques. Elle nous offre des spectacles somptueux engendrant les magiques aurores boréales.

À son début, la Terre ne possédait pas de surface solide ni d'eau sous forme liquide, car elle était encore trop chaude. Il fallut attendre son refroidissement, entamé il y a quatre milliards d'années pour que se forme la croûte continentale de roches d'une épaisseur moyenne de trente kilomètres sur laquelle nous vivons. Dans ce grand Barnum sidéral, l'eau, molécule de la vie dont nos corps sont constitués à près de 70 % serait apparue selon deux hypothèses :

La première avance qu'elle proviendrait des éruptions massives des premiers volcans catapultant dans l'atmosphère des gaz riches en vapeur qui formèrent d'immenses nuages à ne plus rien y voir. Les molécules d'eau ainsi condensées se transformèrent en pluies incessantes pendant des millions d'années jusqu'à remplir les vallées de la croûte terrestre, Déluge primordial créant les océans, bien avant que le vieux Noé, sa femme, ses trois fils, Sem, Cham et Japhet accompagnés de leurs moitiés, tous embarqués sur une grosse barque pleine de bestioles, ne retrouvent la terre ferme sur le mont Ararat.

La seconde théorie propose une origine extra-terrestre : sous l'effet des bombardements incessants de millions de comètes de glace et d'astéroïdes eux-mêmes riches en eau comme l'ont montré des prélèvements spatiaux la précieuse substance aurait littéralement atterri à la surface de la Terre, comme si on l'avait plantée évoquant la mythologie inuite déjà citée.

En fait, il semble hautement probable que l'eau des océans ait puisé son origine à la fois dans le dégazage primitif des volcans et dans l'espace sidéral, mais des hypothèses et découvertes nouvelles sur le terrain de chasse de l'infiniment petit à l'infiniment grand réviseront certainement ces notions de la vulgate actuelle, car l'imagination des savants à percer le grand secret se révèle sans borne.

Nous venons donc de loin, de très loin, sans n'avoir jamais eu le droit de participer au chapitre de l'histoire de la planète jusqu'à il y a peu en taillant des silex puis en domestiquant le feu. Involontairement nés de ces éléments primordiaux, énergies folles, vitesses insensées, températures insupportables, particules infinitésimales, atomes, gaz, minéraux, premières molécules, les hommes en subissent au quotidien le joug tout en faignant d'être les maitres d'une nature qui vit sa vie sans rien nous devoir.

Après la naissance de ces molécules extrêmement simples, agrégats de quelques atomes, d'autres composés plus complexes s'agglutinèrent entre eux avec une intelligence poussée qui nous échappe. Ils initièrent l'incroyable développement de la biodiversité que nous observons aujourd'hui, allant jusqu'à nous faire revisiter la notion même de vie : est-ce simplement naitre, croitre, se nourrir, se mouvoir, devenir autonome et se reproduire avant de mourir ? Définition restrictive qui ne tient pas compte de nos relations avec les éléments. Dès le début de l'histoire de l'univers tout est connexions, échanges entre molécules. Aujourd'hui, du sable de la plage à Porsgwen à la poutre de vieux bois au plafond de mon appartement, du titane de la fusée Space X au silicium de la puce de mon smartphone ou encore du Panda chinois jusqu'au bambin qui dort dans les bras de sa mère à Romorantin, toutes ces structures, j'oserai dire toutes ces entités de complexité croissante, proviennent sans exception du même substrat originel. Nous sommes les fils et filles des étoiles qui possèdent les mêmes molécules que nous tous. Éléments de matière se mobilisant dans des trajectoires temporelles et spatiales variées, étroitement reliés les unes aux autres au travers de flux innombrables que nous captons sans pouvoir en définir clairement leur nature ni en interpréter les messages.

Gaïa, la Terre, vit, s'adapte et se modifie sans cesse, coordonnant l'organisation des éléments qui la constituent dans une communication étrange avec un savoir-faire indubitable maniant un jargon incompréhensible à nos oreilles. La Terre vit d'être ensemble. Le vivant isolé n'existe pas dans la mesure où il ne peut naitre, se développer, ni s'épanouir seul. Ce sont ces communications imperceptibles, ces paroles muettes qui nous font exister dans un puissant désir de durée et de partage inassouvis. Mais pour générer et diffuser de l'information faut-il encore de l'énergie, moteur de toute pensée et de toute action. L'énergie est une dynamique qui perturbe l'état ambiant : elle le déforme pour obtenir un nouvel état différent. Elle prélude donc à toute autre force en ce qu'elle permet la genèse, le stockage et la distribution de l'information sans laquelle aucune réalisation n'est possible. On glisse alors subrepticement de la sempiternelle question de l'être et du non-être, trop absconse, qui agita les philosophes dans d'infinis palabres pour poser celle de cette énergie face à l'inertie, plus concrète : l'énergie se définit par la mise en œuvre d'une action qui nécessite une certaine force pendant une durée suffisante afin de vaincre les résistances qui s'opposent à un changement d'état ou de lieu. L'énergie est physique, spirituelle et morale, quantité et qualité à la fois, force nécessaire à l'accomplissement d'une action, d'une pensée qui elle-même n'est qu'une action sans matérialisation. Elle est dépensée lors d'un travail donné pour lequel il faut un combustible à brûler comme le moteur de ma voiture utilise de l'essence pour activer ses roues tractrices. À l'opposé, l'inertie est une propriété naturelle des corps qui les empêche de changer par eux-mêmes l'état de repos ou de mouvement dans lequel ils se trouvent. En effet, en l'absence d'influence extérieure, tout corps perdure dans un mouvement rectiligne uniforme. Ce principe de Newton indique que plus la masse d'un corps est grande, plus la force requise pour modifier son mouvement doit être importante, principe auquel nous sommes physiquement confrontés quand il faut déplacer une lourde armoire ou soulever des altères !

L'Évolution semble principalement déterminée par ce rapport entre énergie et inertie. Elle oscille en permanence entre la dynamique et le stationnaire. Durer tout en s'adaptant, impératif qui modèle nos organismes aux conditions de notre environnement qui lui-même évolue. À subir les tempêtes, les orages, les cyclones et autres tsunamis, les tremblements de terre, les éruptions volcaniques et les épidémies nous devrions pourtant comprendre qui est le plus fort.

## Ces petits riens qui font presque tout...

Leucippe et son élève Démocrite, le philosophe rigolard, eurent au cinquième siècle av. J.-C. l'intuition que la matière était faite d'une accumulation de particules élémentaires qu'ils appelèrent atomes, unités insécables en plus petites portions. Ces atomes se sont progressivement liés en molécules puis en cellules, elles-mêmes agglomérées en tissus, qui réunis à leur tour deviennent des organes, puis des appareils (respiratoire, digestif, urinaire, génital et autres) pour former ensemble des organismes vivants tels l'Homme. Nous sommes donc tous constitués des mêmes particules élémentaires dans une exceptionnelle richesse de variations inexpliquées, depuis la bactérie Escherichia coli jusqu'à Marie Curie, du Boson de Higgs à Martin Luther King, des stromatolites de la Grande Barrière de corail en Australie à Pablo Picasso.

L'atome, d'un diamètre moyen d'environ un dix-milliardième de mètre est lui-même formé de particules plus petites encore, les protons, neutrons et les électrons dont la taille oscille aux environs d'un cent mille milliardièmes de mètre. On pénètre dans un monde bizarre où rien n'est fixe, tout bouge, tout est relatif et vit à une vitesse effarante dans des temps soit exceptionnellement longs soit d'une brièveté incalculable. Mais surtout tout se tient, tout se sait, comme dans un village ou on chuchote en faisant semblant de ne rien savoir. L'univers est un immense champ de rapports, une fontaine de communication, vous et moi étant receveurs, transformateurs, producteurs et passeurs de messages aux échelles à la fois galactiques et nanométriques. Quand deux particules élémentaires fleurtent dans un baiser furtif elles peuvent rester connectées instantanément, quelle que soit la distance qui les sépare jusqu'aux galaxies les plus éloignées à des milliards d'années-lumière. Elles sont dites « intriquées », phénomène qui défie notre entendement et rebat les cartes de nos concepts de physique à la papa.

Les minuscules protons, conglomérats de quarks solidement accolés, ont une durée de vie qui frise l'éternité, $10^{+33}$ ans, un bail ! Ils s'assemblent avec les neutrons qui ne sont pas plus gros qu'eux et vivent aussi longtemps pour former des noyaux atomiques. Quand un neutron redevient libre en s'arrachant du noyau, il se désintègre en moins d'un quart d'heure, dans une réaction nucléaire primitive qui fait de nos corps de véritables centrales atomiques miniatures sans que Greenpeace n'ose manifester sa grogne militante.

Les électrons près de deux mille fois plus petits sont beaucoup plus dissipés. Leur durée de vie est estimée à soixante-six milliards de milliards d'années qui fait de l'Univers et ses quatorze milliards d'années un nouveau-né de quelques secondes. En se désintégrant au cours d'une collision atomique avec une autre particule, un électron libère un neutrino et un photon, la particule de lumière qui en excitant nos rétines nous permet de voir le monde. On aurait pu penser que la collision vu la vitesse d'impact considérable aurait fait deux morts, eh bien non ! Elle aboutit à la création de deux nouvelles particules.

Merveille de l'Univers qui à partir de deux unités en fait quatre, huit, seize, trente-deux, jusqu'à l'infini.

Ces électrons se promènent autour des noyaux atomiques dans un nuage indescriptible, qui n'a rien à voir avec les sages circonvolutions des planètes autour de leurs étoiles. Parcours incompréhensibles : Ça ressemble plus à une piste d'auto-tamponneuses un samedi soir sur la place du village après quelques canettes de bière qu'aux tours de manège lors d'une reprise équestre du Cadre noir à Saumur. On pense même qu'ils sont partout et nulle part à la fois, déduction des pères de la théorie des quanta. Sorte d'ubiquité qui rend encore plus floue la réalité physique que l'on s'imagine réglée par des lois universelles alors que la matière à l'état nanoscopique a des comportements irrationnels pour nos neurones de cartésiens bien élevés selon lesquels deux plus deux font quatre.

La matière, solide, fluide, gazeuse, varie de viscosité selon l'intensité des liaisons entre les molécules qui la composent. À l'état solide, elles sont bien rangées et très rapprochées selon un empilement régulier engendrant la dureté du diamant. À l'état liquide l'espace entre les molécules est plus large et leur agitation plus importante, elles coulent dans votre verre. À l'état gazeux, les molécules sont très espacées et fortement agitées. Elles s'envolent au gré du vent. Mais pourquoi et comment ces atomes se sont-ils regroupés en molécules ? Qui leur a intimé l'ordre de se combiner harmonieusement ? Les hypothèses fleurissent :

Des conditions climatiques primordiales particulières notamment des orages cataclysmiques avec des décharges électriques intenses sous la forme d'éclairs monstrueux seraient responsables des premiers appariements d'atomes en molécules quand la terre se comportait comme une enfant colérique. L'expérience célèbre de Miller et Hurey en 1955 plaide pour un tel scénario : les chercheurs envoyèrent des décharges électriques à haut voltage dans une fiole contenant des éléments primitifs qui existaient au début de l'histoire de la Terre dont du méthane, de l'hydrogène et de l'ammoniac. En quelques jours ils observèrent la formation d'acides aminés, petites molécules dont certaines sont les bases du code génétique, de l'ARN et de l'ADN, telles l'Adénine et la Guanine. Nous serions ainsi nés des éclairs et de la foudre jupitérienne.

Ou bien faut-il évoquer une collision avec un astéroïde il y a des milliards d'années, choc monstrueux qui aurait apporté la vie d'une autre planète en creusant un cratère géant à la surface de la Terre où dans les océans ? Une plantation gigantesque, un ensemencement galactique ! Rien n'est écrit qui puisse nous renseigner, mais poussons plus loin nos investigations pour découvrir quelques aspects saugrenus de nos êtres.

## Un vide plein de vie

Si la grande explication, cette « théorie du Tout » dont rêvent les physiciens, n'est pas pour demain rien n'empêche de m'intéresser à mon présent, maintenant à l'instant T du chronomètre et là je tombe de surprise en surprise : J'apprends d'abord que je suis plus composé de vide que de matière puis je me rends compte que je vis en retard au passé des stimulations que mon corps capte en permanence. Autre phénomène étrange : Plus je vais vite, moins je vieillis. Je découvre ensuite que les marques génétiques enfouies dans mes cellules sont des trésors colligés par milliards dans un espace microscopique depuis que l'Acide Ribo-Nucléique, l'ARN, fit son apparition sur Terre. Je m'aperçois enfin que mon génome évolue sous la pression d'éléments extérieurs qui le perturbent modérant le déterminisme parental sous la pression quotidienne de l'épigénétique qui me façonne ; mais surtout je constate, malgré toutes mes faiblesses et mes turpitudes, que je suis un être fondamentalement sociable mes réseaux cérébraux s'interconnectant sans cesse avec ceux des autres êtres qui composent l'univers. *Homo Sapiens*, drôle de machine imprécise, instable et intuitive, à l'émergence imprévisible, mue par un insatiable désir d'être et d'absolu, vivant plus d'émotions que de raison.

Ma présence au monde est d'abord une relation moléculaire faite d'agglomérats atomiques qui composent mon corps. En écrivant « *nous sommes, donc que je suis* » je m'inscris d'emblée dans un ordre général de connexions proches ou lointaines qui me font exister parmi les autres, avec les autres, rejoignant la pensée de Lao Tseu citée en exergue du livre « *Le ciel dure, la terre persiste, qu'est-ce donc qui les fait persister et durer ? Ils ne vivent point pour eux-mêmes, voilà ce qui les fait durer et persister.* » Méfiant vis-à-vis des constructions intellectuelles complexes je m'adonne à la paresse que défend le sage chinois, qualité dont le mérite est de vous faire aller au but au prix du moindre effort. Nous ne la cultivons pas assez à nous user hanches et rotules dans des joggings sans fin, écouteurs aux oreilles, tentant d'oublier l'ennui incommensurable de mettre un pied devant l'autre. Manie occidentale fatigante qui au moins fait le bonheur de mes collègues chirurgiens orthopédistes poseurs de prothèses articulaires en tous genres.

L'amoncèlement des découvertes scientifiques m'oblige donc à réviser de fond en comble le schéma du fonctionnement de l'Homme que je pensais solidement établi. Si le cœur reste presque toujours à gauche dans le thorax et le foie à droite dans l'abdomen, tout le schéma intime de la machine humaine se voit bouleversé par les publications issues de champs de recherche variés allant des mathématiques aux neurosciences et à la sociologie en passant par la physique de l'infiniment petit comme de l'infiniment grand, la biologie et la génomique, tous domaines d'investigations transformés par la puissance de calcul de l'intelligence artificielle.

Au dire de mes amis physiciens, je serais fait de 99.99999 % de vide, alors que je me crois pourtant bien plein, construit solidement, protégé par mes deux mètres carrés et cinq kilos de peau qui m'isolent de mon environnement. Or, entre le noyau d'un atome et ses électrons baladeurs, la distance est énorme. Représentez-vous le Stade de France, placez au centre du terrain un petit pois qui formerait le noyau atomique ; les électrons eux, simulant les spectateurs, seraient de minuscules grains de poussière assis dans les gradins : entre eux le vide, rien que le vide, toujours le vide. Effectivement le volume du noyau ne représente qu'un cent millième de l'atome, une paille ! Aspirez le vide de la Terre, y compris ses sept milliards d'habitants, vous obtiendrez une petite boule de cent mètres de diamètre. Si je pompais le vide de mon corps en agglomérant tous mes atomes, je me résumerais à un tas nanométrique invisible, poussière de poussière, de quoi rester humble !

Mais ce vide qui a tant fait discuter les anciens palabrant à longueur de textes du rien et du néant est finalement plus plein qu'il n'y parait. Il serait même très, très plein parcouru, pour ne pas dire encombré d'innombrables particules élémentaires qui ont la curieuse habitude de toutes se terminer en « ON » : fermions, photons, leptons, muons, gluons et j'en passe, à la durée de vie inférieure à 10-32 secondes, comme le Bozon de Higgs qui valut un prix Nobel à son découvreur. Particules éphémères, voire même potentielles, n'ayant encore jamais été détectées comme le graviton que les physiciens s'acharnent à traquer au prix d'expériences mobilisant des centaines de chercheurs pendant plusieurs années. Le jour J, lors d'une collision en laboratoire l'élément tant souhaité se dévoile dans les tunnels secrets des accélérateurs de particules pour disparaitre aussi vite qu'il s'est montré en moins d'un milliardième de milliardième de milliardième de seconde. Pudeur de la physique.

Le vide est aussi un espace parcouru d'une énergie considérable impulsée par des forces dont nous connaissons bien peu de choses. Ce sont pourtant elles qui donnent forme aux objets comme aux êtres vivants. Si la mer monte et se retire, si le bois de la table sur laquelle j'écris est dur et les nuages pénétrables, c'est parce que leurs atomes sont reliés par ces forces de cohésion invisibles déjà citées, la gravitation, les interactions nucléaires fortes et faibles et la force électromagnétique qui, chacune à leur manière, modèlent et orientent leur assemblage en fonction des conditions physiques locales.

Au travers du vide nos corps sont comme des passoires. Chaque seconde, soixante-six milliards de neutrinos me pénètrent par centimètre carré de peau dans un bombardement aussi massif qu'ininterrompu. Ces éléments physiques se fraient le chemin qu'ils peuvent, certains entrent en collision ou sont déviés sans bruit ni fureur quand d'autres s'enfuient à toutes jambes sans laisser de trace. Un embouteillage atomique qui nous dépasse. Pour une fois Aristote qui détestait la notion de vide aurait donc eu raison avant les autres, car il y a effectivement du monde, beaucoup de monde qui voyage à l'intérieur de nos corps.

La segmentation de la réalité entre ces différentes forces, ondes, particules et atomes par nos raisonnements ne facilite pas la compréhension de la globalité des événements physicochimiques qui caractérisent les objets dits « inertes » et les êtres dits « vivants ». En effet, au fur et à mesure que nous découpons le monde en tranches dans l'espoir d'en inspecter les mécanismes nous en dénaturons sa perception rendant hautement improbable une explication exacte et complète du phénomène « Univers », car on ne peut prétendre être à la fois mentalement et physiquement l'acteur de la pièce sur la scène et le spectateur qui applaudit ou siffle dans son fauteuil.

Quittant les éléments nanométriques je me tourne vers l'infiniment grand pour me rassurer sur mon compte et j'apprends deux choses qui me choquent : D'abord, plus je vais vite moins je vieillis. Phénomène physique mis en évidence par Einstein dans sa théorie de la Relativité restreinte et prouvée par les horloges atomiques. En effet le temps ne s'écoule pas de la même manière selon la vitesse à laquelle on se déplace, il se dilate en même temps que l'univers s'expand, mais il faut des vitesses énormes pour s'en rendre compte. Et pourtant quand un cycliste me double en trombe, il vieillit plus lentement que moi ! et après un long voyage dans l'espace à bord d'une fusée je reviendrai sur Terre plus jeune que mes amis restés au sol à m'attendre. Pendant le voyage les aiguilles de ma montre tourneraient plus lentement, mais surtout mon rythme cardiaque et le vieillissement de mes cellules ralentiraient, véritable cure de jouvence spatiale. Ces phénomènes ne deviennent percevables qu'au-delà de 10 % de la vitesse de la lumière soit trente mille kilomètres par seconde, mais ils existent à toute petite échelle au quotidien de nos vies. La notion du temps est donc sujette à variations alors que nous l'avons figée dans les tic-tacs de nos réveille-matins. Elle est surtout indissociable de l'espace, continuum de matière comme le corps et l'esprit. À une vitesse infinie le temps s'arrêterait-il ? Éternité sans dieu ni grand horloger.

Autre étonnement, la matière ne serait qu'un composant minoritaire de l'Univers. L'énergie sombre, sorte de force de gravitation à l'envers de nature inconnue qui vous aspirerait dans l'atmosphère issue tout droit du cerveau des astrophysiciens, comblerait 70 % des espaces sidéraux. Autre concept hypothétique, la matière noire, non prouvée à ce jour, en formerait 25 %. La matière baryonique, celle qui a un poids dont fait partie notre bonne vieille matière organique comme la glèbe que je ramène sous mes bottes en représenterait moins de 5 % !

Me voilà de plus en plus perplexe : que je regarde du côté de l'infiniment petit ou que je scrute l'infiniment grand par-delà les galaxies la matière ne se dévoile pas, elle se cache pour ne pas être dérangée. Elle n'a sans doute besoin ni de moi ni de vous. Elle « est », comme la nature qu'elle compose avec parcimonie, ce qui semble lui suffire. Le doute plane comme l'esprit au-dessus des eaux : nous ne savons pas d'où nous venons. Nous sommes tout juste capables de décrire des épisodes historiques avec toutes les imprécisions qui s'y attachent sans rien comprendre du moteur des enchainements qui créèrent la vie et continuent à la développer sans qu'elle ne dédaigne se retourner pour jeter un œil sur son œuvre admirable. Alors, afin de combler ce vide conceptuel nous en appelons à la puissance de Vie, à l'élan d'Être comme Henri Bergson ou nous cherchons à nous raccrocher à une référence suprême, un Dieu, tel Augustin d'Hippone. À chacun sa voie, son Tao.

De cet univers primordial grâce à la survenue de conditions climatiques devenues plus sereines émergea le monde biologique dont nous allons envisager certaines propriétés.

# CHAPITRE 2

## Puis la biologie fit son chemin…

Les espèces qui survivent ne sont pas les plus fortes ni les plus intelligentes, mais celles qui s'adaptent le mieux aux changements.

Charles Darwin, *L'origine des espèces*

Après que la soupe primitive eut fabriqué des particules puis des atomes pour créer les premières molécules organiques simples, ces dernières ne tardèrent pas à s'associer à leur tour au cours d'incessantes combinaisons physico-chimiques pour inventer des cellules, considérées comme les unités premières du monde vivant. Ces cellules s'agglutinèrent en tissus jusqu'à créer des organismes de plus en plus complexes. Toujours ce besoin d'existence à plusieurs, de regroupement au niveau micro puis macroscopique activé par des entités de complexité croissante qui participent au développement de la vie dans une suite interrompue d'évènements mystérieux malgré l'accumulation de nos connaissances. Nous observons les choses sans savoir comment un véritable continuum d'êtres s'est construit depuis les unités infinitésimales jusqu'aux empires au sein d'un univers en expansion dont les éléments adaptent de façon permanente leurs structures et leurs organisations pour tenir bon. En cela la séparation entre la physique qui cherche à percer les mystères de la matière dite inanimée et la biologie qui tente de comprendre le soi-disant vivant est nuisible à nos tentatives d'explication globale du monde. Cette division artificielle isole les inséparables, elle rompt la dynamique de la combinaison du tout petit nombre d'éléments qui formatent le monde dans une symphonie dont nous percevons à peine de rares notes éparses et discontinues.

Deux phénomènes fondamentaux participent à l'édification des structures vivantes que nous connaissons :

La Sélection Naturelle, théorisée par Charles Darwin nous explique comment l'Evolution ne laisse place qu'aux êtres les mieux adaptés à leur environnement au prix d'une succession ininterrompue de mutations génétiques, les anciens faisant place aux nouveaux mieux équipés pour se défendre.

Le processus d'auto-organisation décrit notamment par le mathématicien et biologiste anglais d'Arcy Thomson dans *On growth and form* nous indique comment les éléments naturels s'organisent entre eux sans programme pré-établi ni chef. Cette organisation autogérée des structures physiques et chimiques est un véritable miracle qui génère pas à pas les entités biologiques dont l'Univers est formé. Elle agit sans plan tracé ni commandement hiérarchisé de ses éléments et se caractérise par un phénomène très particulier dénommé « émergence » qui consiste en la survenue imprévisible d'un état physique, chimique ou biologique supérieur en complexité à la somme des parties qui le composent.

Ainsi des formes et des structures de plus en plus sophistiquées virent le jour jusqu'à l'apparition de l'Homme dans un foisonnement d'essais, de ratés et de réussites en dehors de tout dessein ordonné par une autorité supérieure ou octroyé par une divinité suprême. L'une des grandes surprises concernant cette machine à créer de la complexité tient au constat que tous les êtres vivants sont en majorité composés de seulement quatre atomes différents. De la bactérie au dinosaure en passant par l'eau, le sable, l'écorce des arbres, les chats de ma compagne et moi-même, ils représentent à eux seuls la quasi-totalité des ingrédients nécessaires à la fabrication de la nature parmi les cent dix-huit éléments du tableau périodique de Mendeleïev affiché dans les salles de classes des collèges de Vesoul à Landerneau : le carbone (C), l'hydrogène (H), l'oxygène (O) et l'azote (N) que l'on surnomme les « CHON ». Présents dans toutes les étoiles, dans toutes les planètes, dans les mers, les plaines, les montagnes, les villes et tous les objets comme dans nos corps ils restent identiques à eux-mêmes, fidèles au poste. En se combinant, ces atomes forment des molécules dont l'eau, composée de deux atomes d'hydrogène et d'un atome d'oxygène (H20), constitue le contingent le plus important en quantité chez de très nombreux organismes, jusqu'à 98 % chez la méduse. On les retrouve aussi dans la composition des nucléotides, gardiens de notre code génétique. Les CHON participent encore à la création des sels minéraux (calcium, phosphore, magnésium, chlore et autres) et sont à l'origine de trois types de substances indispensables à la vie et à sa perpétuation : les lipides, molécules de graisse qui forment les membranes des cellules en les individualisant de leur environnement ; les protéines, faites de combinaisons variées de petits acides aminés, véritables usines à fabriquer les ingrédients dont les cellules ont besoin pour vivre et les glucides, des sucres qui jouent le rôle de carburant pour faire fonctionner le tout. Avec ces éléments simples, les tâches nécessaires à la nutrition, à la croissance, la mobilité, la reproduction sont accomplies sans relâche dans des échanges permanents entre les dizaines de milliers de milliards de cellules de nos corps. Exceptionnelle économie d'une nature qui utilise très peu de matières premières différentes pour nous offrir une multitude incroyable d'espèces minérales, végétales et animales.

Toutes ces molécules interagissent et se complètent. Elles s'embrassent, se repoussent, facilitent ou interdisent les actions chimiques du métabolisme corporel, c'est-à-dire de la machine générale qui nous fait vivre et tenir notre rang avant de disparaitre pour laisser la place à du neuf au travers des mutations incessantes adaptant les êtres vivants aux situations nouvelles. Valse éperdue dans laquelle les enzymes, des fragments de protéines très actifs, jouent le rôle d'ordonnateur des festivités ou de suppresseurs des nuisances, Disk Jockey et videurs de boite de nuit à la fois. Rendons-leur les honneurs en leur remettant la médaille du travail pour bons et loyaux services. Mot miraculeux comme le raconte Coluche « *j'suis allé voir M'sieur Omo et j'y ai dit : dites donc, j'm'excuse de vous déranger pendant l'repas... Parce qu'il était à table avec des enzymes... à lui !* » Molécules au pouvoir surnaturel, lavant plus blanc que blanc, les enzymes sont capables de détruire avec une précision diabolique des assemblages biologiques en cassant des chaines de molécules, en coupant les ponts qui les relient, en faisant sauter des voies de communication et en brouillant les messages tels de vrais résistants aguerris. Ils peuvent aussi reconstruire des chaines moléculaires, favorisant la synthèse d'éléments chimiques mieux adaptés, ouvrant la voie à de nouveaux mondes. Les enzymes font marcher notre chauffage central et notre climatisation biologique, redistribuant en permanence l'énergie apportée par les nutriments, par la respiration et par toutes les combinaisons chimiques internes. Ils participent activement à l'auto-organisation du corps dans une étroite relation entre les données fournies par le génome et leurs modulations appelées « épigénome » dont nous reparlerons.

Ce processus d'auto-organisation, propriété qui défie tous les entendements, dérange tous les raisonnements et fascine toutes les consciences. Il utilise des boucles d'action et de rétroaction pilotées par la combinaison de trois systèmes : Tout d'abord le code génétique formé par l'Acide Désoxyribo-Nucléique (ADN), somme des données transmises de génération en génération qui indique que moi c'est moi et pas l'autre et son annexe, l'acide ribonucléique (ARN), une sorte de facteur à distribuer le courrier génétique aux usines de la cellule pour leur transmettre les codes de la fabrication des protéines. Les gènes sont des fragments d'ADN qui correspondent à une information précise visant à fabriquer des protéines. Ils sont les maçons qui montent les briques des murs de la maison.

Les gènes indiquent aux cellules leur rôle dans l'organisme ; sur leur ordre elles synthétisent des dizaines de milliers de protéines qui jouent un rôle propre. Par exemple, l'hémoglobine est une protéine qui transporte l'oxygène dans le sang. La myosine sert à la contraction des muscles. Les anticorps protègent l'organisme des corps étrangers. D'autres protéines interviennent pour définir la couleur des yeux, la forme du visage ou la taille d'un individu.

Une anomalie génétique peut perturber la fabrication des protéines en modifiant le plan initial soit par défaut soit par excès de fabrication, soit encore par une fabrication anormale. La protéine devient alors incapable de jouer son rôle, mais une anomalie génétique n'aboutit pas toujours à une maladie, certaines erreurs de fabrication passant totalement inaperçues ou ne s'exprimant qu'en fonction de l'environnement.

Ces structures génétiques agissent comme des mémoires transmises par nos parents qui les ont eux-mêmes reçues de leurs aïeux, mais elles jouent un rôle beaucoup moins important qu'on le pensait dans la régulation de la vie. Le code génétique n'est pas un programme. La molécule d'ADN présente dans le noyau de toutes nos cellules est simplement le plan détaillé de notre organisme : elle contient toutes les informations nécessaires au développement et au fonctionnement du corps, mais il s'agit juste d'une accumulation de données, une énorme compilation de data sans hiérarchie ni stratégie. Comme l'écrit mon collègue médecin Henri Atlan dans *Le Vivant post-génomique « le séquençage du génome humain a fait croire que le déchiffrage du génome, à la manière d'une livre contenant les instructions d'un long programme permettrait de comprendre au maximum le tout de la nature humaine et au minimum l'essentiel des mécanismes de survenue des maladies.* » Or il n'en est rien. Nous avons longtemps cru que le génome était responsable de nos états, pauvres êtres configurés et déterminés à vie par un alphabet succinct, loterie insupportable nous empêchant la moindre initiative, la plus minime des libertés ; mais la découverte de modifications incessantes dans l'activité de nos gènes au fil des générations fut une véritable bombe à retardement contredisant cette théorie erronée. En effet, l'épigénétique qui signifie « *au-dessus* » de la génétique intervient en rentrant par la grande porte pour bousculer le petit monde des spécialistes de la question. Cette science récente et prometteuse explique la façon dont à partir du génome sont créés des caractères propres à chacun d'entre nous. Ainsi, malgré la possession d'un génome identique à la naissance deux jumeaux homozygotes ne meurent jamais semblables, car leurs organismes subissent tout au long de chacune de leur propre vie des modifications qui font ou non s'exprimer les données du code génétique initial transmis par les parents. Il faut comprendre que si toutes nos cellules contiennent les mêmes informations au départ, dès les premières secondes de vie de l'embryon elles n'en font pas toutes le même usage au cours du temps, des circonstances et des rencontres. Chaque cellule possède son propre code « épigénétique » qui indique le type et la position de toutes les molécules qui la composent, un code-barre à nul pareil.

Miracle d'organisation, le code génétique change sous l'action d'agents extérieurs divers venus de son environnement. Seconde après seconde d'innombrables modifications surviennent dans chaque cellule du corps humain afin qu'elle s'adapte aux conditions de vie locales en assurant son rôle au mieux par une sélection des actions spécifiques à accomplir. Voilà comment à partir des cellules embryonnaires identiques que nous possédons tous, appelées « cellules souches » on observe une spécialisation des éléments du corps humain qui fait qu'une cellule de la peau ne ressemble pas à une cellule du poumon ou un neurone à une cellule du foie. On appelle ce phénomène la « différenciation cellulaire » qui aboutit cher l'Homme à deux cents types de cellules dont le renouvellement est permanent par milliers d'unités chaque seconde faisant de nos corps des entités stables tout en étant sans cesse remodelées.

En résumé, la génétique répond à l'étude des données codées que forment les gènes, détenteurs des Tables de la Loi. Les mutations correspondent aux transformations de ces données, modifications irréversibles affectant pour toujours le code de l'ADN. En revanche la science de l'épigénèse cherche à savoir comment ces mêmes gènes sont activés ou réprimés par la cellule sur le terrain au quotidien selon les conditions ambiantes. À l'inverse du génome, les modifications·épigénétiques sont réversibles avec un retour à la case départ possible offrant un éventail d'actions quasi infini.

Un troisième phénomène participe activement au devenir des cellules de nos corps, le métabolisme c'est à dire les interactions physicochimiques qui interviennent sans cesse entre les cellules dans un exceptionnel foisonnement de communications muettes en collaboration étroite avec les actions génomiques et épigénomiques.

On mesure ainsi mieux la complexité de l'usine humaine qui fait appel à tous les moyens possibles, imaginables et inimaginables pour persister. Dans cette machinerie à la précision affirmée, le concept classique « *un gène, un enzyme, une fonction* » a vécu. Il ne répond absolument pas à la complexité d'organisation du vivant. Si je compare le génome à une partition de musique, écrite et inviolable, l'épigénome en est l'interprétation par le musicien lui-même et le métabolisme correspond aux réactions du musicien avec son environnement. L'interprète joue les notes écrites par le compositeur (génome) selon son cœur, son état psychologique du moment, interagissant avec le public qui l'écoute et le porte (épigénome). Le violoniste déprimé parce que sa femme l'a plaqué la veille ne produit pas le même son qu'un soliste dont la compagne vient d'accoucher d'un beau nouveau-né de trois kilos et demi. Le son de l'instrument varie aussi selon l'acoustique de la salle où il est produit (métabolisme) sachant qu'une trompette ne sonne pas de la même façon dans une cave de Saint Germain des Prés ou à Notre Dame de Paris. Une musique jouée n'est donc jamais la même, alors que la partition reste immuable dans sa facture, gardienne de la volonté de son créateur.

Ainsi l'épigénome interprète la partition du génome selon les connexions qu'il se créé. Merveille d'adaptation de la nature aux conditions locales pour gérer les drames qui nous affectent et les joies qui nous emballent. La génétique garde le passé quand l'épigénétique et le métabolisme transforment le présent.

Les gènes contenus dans l'Acide désoxyribonucléique, l'ADN, peuvent être activés ou désactivés chimiquement selon les besoins, preuve que le génome n'est pas figé, mais subit des variations selon des mécanismes encore mal explorés : il peut être lu et interprété de mille façons et corrige ses erreurs dans des rétro-actions visant à éviter le pire. Il y a donc de l'intelligence dans ces triturations moléculaires, le hasard ne représentant que les rares erreurs de manipulations du système.

Les gènes ne sont pas spécifiques d'une action : plusieurs d'entre eux coopèrent pour coder les protéines nécessaires à une fonction biologique bien précise comme la sécrétion d'insuline par le pancréas ou le rythme sinusal du cœur. À l'inverse, un même gène peut intervenir dans plusieurs fonctions biologiques différentes. Multipliez le tout par le nombre de gènes et leurs combinaisons, vous n'arriverez pas à en calculer les possibilités. On ne peut donc jamais affirmer que l'altération d'un gène est la cause unique d'une maladie. Après qu'Angela Joly eut subi l'ablation de ses seins parce qu'elle était porteuse du gène BRCA1 l'exposant au risque de cancer, des milliers de femmes dans le monde suivirent son exemple alors qu'une simple surveillance plus régulière aurait suffi à éviter le pire. On mesure ainsi le danger de l'application à la lettre d'un tel déterminisme purement statistique et non personnel. Nul ne peut prédire son propre risque, car un gène peut avoir des effets diamétralement opposés sur une fonction biologique selon son mode d'expression : par exemple plus il y a de radicaux méthyle au contact de l'ADN, plus ce dernier camoufle ses gènes qui ne peuvent plus agir. On parle alors de « répression » l'action prévue ne pouvant s'effectuer. En revanche, moins il y a de radicaux méthyle autour de l'ADN plus les gènes peuvent s'exprimer librement favorisant l'action à effectuer selon le schéma pré-établi.

Le génome n'est surtout pas le Grand Livre de la Vie comme certains l'ont cru, car il ne raconte aucune histoire, mais ne rapporte que des faits disparates et pour brouiller un peu plus les cartes une quantité considérable d'interactions biochimiques vitales qui interviennent dans la régulation de nos corps s'effectuent en toute indépendance des ordres contenus dans l'ADN dont seule une toute petite partie est utilisée. Le reste dit ADN dormant, ou poubelle ou encore non codant représenterait entre 80 et 98 % de notre génome et fait actuellement l'objet de spéculations scientifiques les plus farfelues. Pa ailleurs la fabrication de certains éléments vitaux ne provient pas de notre génome. L'eau, constituant majeur des cellules et des organismes (70 % du corps humain) n'est pas produite à partir d'une séquence génétique. Les lipides, ces graisses qui composent les membranes de nos cellules non plus. Or il s'agit bien dans les deux cas d'éléments essentiels au fonctionnement de nos cellules.

Le génome se comporte en fait en agent paresseux. Il se contente d'intervenir dans la création des protéines, mais il n'en régule même pas l'architecture spatiale en trois dimensions dont on sait qu'elle modifie considérablement leur effet lorsqu'elles se replient sur elles-mêmes. Il n'intervient pas non plus dans les interactions chimiques incessantes qui s'effectuent entre ces protéines, mécanismes essentiels à la pérennisation de la vie. Voilà de quoi repenser d'une façon beaucoup plus large comment se mit en place au cours de l'Évolution et fonctionne encore aujourd'hui toute la machinerie destinée à faciliter le transfert et l'activation des informations indispensables à la pérennité des êtres jusqu'à l'émergence de l'Homme ainsi que l'exposa Spinoza dans l'*Éthique* « *Chaque chose, autant qu'il est en elle, s'efforce de persévérer dans son être* » et Sidney Brenner, prix Nobel de médecine 2002 dans *Encyclopedia in genetics* d'ajouter « *le bon niveau d'abstraction c'est la cellule et non le génome* ».

Ainsi la génétique est loin de tout nous raconter et de gérer l'intégralité de nos vies, car si nous sommes les enfants de nos parents, nous voilà d'abord les héritiers de l'Univers, fils et filles du monde qui nous entoure au sein d'une alchimie atomique extraordinairement sophistiquée dont nous saisissons à peine quelques bribes. Croire que nous nous résumons à la production d'instructions codées est naïf. Des millions d'expressions différentes de nos gènes liés à des évènements biologiques variés nous font d'abord embryons, puis nourrissons, adolescents, adultes et enfin vieillards tous différents dans la même entité corporelle. Dynamique et statique en parfaite osmose dans une auto-organisation qui contient des parts d'imprédictibilité, d'adaptabilité, de diversité et de richesse potentielle combinées à des propriétés d'ordre et de contraintes, elles-mêmes associées à des régularités et à des répétitions.

Cette complexité et cette adaptabilité si particulières du vivant n'ont rien à voir avec la rusticité et la rigidité des calculateurs, machines froides au mieux auto-apprenantes, mais incapables de modifier leur propre substance pour améliorer leur sort. Aujourd'hui l'intelligence artificielle est « *très, très stupide* » s'esclaffe Andrew Moore, vice-président de Google « *C'est bien pour faire certaines tâches que notre cerveau ne peut pas gérer, mais ce n'est pas une chose sur laquelle nous pourrions nous reposer pour développer un raisonnement général impliquant des analogies, une pensée créative ou s'aventurer en dehors des sentiers battus.* » Un ordinateur n'a aucun but en soi. Il n'est mu par aucune cause supérieure qui le pousse à se dépasser. Quand un calculateur modifiera lui-même ne serait-ce que la structure intime de ses puces de Silicium ou de ses systèmes quantiques selon son environnement pour s'y adapter, je commencerai à m'inquiéter sérieusement de mon sort. Quel robot, même avec un Quotient intellectuel de 10.000 sera-t-il sensible à mes états d'âme ? En regardant de déplacer sur un terrain accidenté le dernier robot humanoïde de Boston Scientific comme en écoutant l'assistant vocal de Google répondre à une femme qui veut un rendez-vous chez le coiffeur, je dois admettre que la simulation humaine est impressionnante de réalisme à s'y méprendre ; mais j'attends qu'un robot me console, me rassure ou m'engueule dans un échange imprévu, j'aimerais qu'il se marre à un trait d'humour bien senti, ou qu'il m'apaise en me prenant dans ses bras avec tendresse. Je voudrais qu'il m'entraine loin, très loin, dans une relation émotionnelle partagée vers plus de densité d'être, mais il en est incapable, agglomérat de métal et de plastique tout juste bon à me mimer !

En résumé, tous les êtres vivants, dont l'Homme naissent à partir de quelques éléments primordiaux qui engendrèrent une incroyable diversité biologique à plusieurs millions d'espèces dans un foisonnement de génie. Intelligence aiguë de la matière dans son agencement, mais dans quel but ? Pour quoi faire ? Là, aucune réponse ne trouble le silence à la différence du Shishi Odoshi dans le jardin du Pavillon d'Or à Kyoto, où le son mat et bref de cette pièce de bois qui bascule sous le poids de l'eau ruisselante rompt à intervalles réguliers l'absence de tout bruit.

## Un Univers sans chef

Le concept d'auto-organisation bouscule nos cerveaux cartésiens. Un tel phénomène très répandu dans la nature, comme nous venons de le voir, répond à des conditions physiques, chimiques et biologiques surprenantes et déroutantes pour l'esprit de raison dont le penchant s'oriente toujours vers l'usage logique d'une hiérarchie pour décrire et expliquer les événements qui nous affectent, qu'ils soient biologiques, sociétaux, industriels, militaires, politiques ou religieux. Or l'auto-organisation est tout le contraire d'un mode de gouvernance vertical. Elle correspond à une mise en ordre croissante d'un système à partir d'un état instable et brouillon qui s'oriente vers un état d'équilibre sans plan de bataille ni chef au prix de la dépense d'une certaine quantité d'énergie, à partir du chaos, l'auto-organisation crée spontanément de l'ordre. On retrouve ce phénomène dans tous les processus physiques et chimiques qui font agir les organismes vivants jusqu'aux sociétés humaines capables de s'organiser d'elles-mêmes à certains moments de leur histoire. Une fois passé un certain seuil critique de complexité, le plus étonnant dans ce processus est qu'un système puisse se modifier brutalement entrainant l'émergence d'un nouvel état de complexité supérieure à celui qui le précède et à ceux de ses composants sans que personne ne puisse le prédire. Mécanisme subtil que l'on rencontre tout au long de l'Évolution, comme l'exprime en raccourci Edgard Morin dans *La Méthode*, le terme d'auto-organisation répond donc à « *un désordre organisationnel* » fait d'une succession non planifiée ni commandée par une source extérieure d'événements étroitement intriqués. L'auto organisation est la quintessence même de la collaboration dans le respect des unités de base qui composent la structure biologique plus complexe. L'idéal auquel nous aspirons tous ! Non pas un communisme, mais une communion d'être, un humanisme biologique.

Ces phénomènes d'auto-organisation et d'émergence qui en découle s'observent au quotidien de nos vies : en physique, la structure spatiale symétrique en forme d'hexagone des cristaux de glace qui brillent au soleil d'hivers résulte de l'interaction des molécules d'eau dans certaines conditions de pression et de température. Elle provient de la cristallisation progressive de la vapeur d'eau et non pas d'une simple transposition au niveau macroscopique visible de structures déjà présentes au niveau microscopique. Il y a bien émergence d'une structure différente et plus complexe à partir de l'agencement de simples molécules qui n'ont isolément aucune prédisposition à dessiner de tels assemblages réguliers, symétriques et gracieux. L'auto organisation explique aussi l'apparition des motifs périodiques au fond de la casserole dans un liquide chauffé par en dessous, tout comme la formation des dunes, des rivages, des étoiles, des galaxies et l'expansion de l'univers. En biologie, la mitose, cette division d'une cellule mère pour en créer deux nouvelles est typiquement un processus d'auto-organisation : une structure créée spontanément et transitoirement, appelée « fuseau », permet de faire naitre les nouvelles cellules par un simple assemblage de filaments fixés sur les parois de la cellule mère grâce à des micro-moteurs moléculaires. L'auto organisation explique encore le développement des colonies de bactéries, les variations périodiques des populations entre les prédateurs et leurs proies. Elle régule le comportement des abeilles et de tant d'autres espèces d'animaux hautement sociaux qui vivent en communautés auto-organisées au sein desquelles chaque individu assure la tâche pour laquelle il est programmé selon sa fonction, sans patron ni contremaitre. Chez les fourmis les reines ne sont pas ouvrières qui ne sont pas soldats. Dans cet univers formaté, on ne change pas de caste, l'ascenseur social reste cloué au rez-de-chaussée. Nul risque de révolution ni de prise de la Bastille dans le règne animal. Pas de chef suprême dictant sa loi, l'éventuel mâle dominant étant lui-même au service du groupe pour procréer. De multiples exemples confirment le rôle essentiel de l'auto-organisation : ainsi chaque colonie de fourmis est issue d'une seule reine qui passe sa vie à pondre. Les ouvrières sont stériles, totalement dévolues à leurs tâches variées telles que l'approvisionnement en nourriture, les soins au couvain et à la reine, la construction de galeries, l'entretien du nid, la défense de la fourmilière pour les fourmis soldats. La seule fonction des mâles, est de féconder les reines avant de mourir juste après.

L'auto organisation repose avant tout sur la communication qui est la clef du travail collaboratif de la colonie : Les fourmis ne cessent d'échanger des informations en frottant leurs antennes entre elles. Elles émettent aussi des sons et sécrètent des substances odorantes, les phéromones qui permettent des échanges sociaux et sexuels entre les individus. Curieusement 60 % des fourmis d'une colonie ne fichent rien. Elles papotent, se prélassent dans des Spas à fourmis, se font couper les cheveux et faire les ongles. Tout à coup une ouvrière part en exploration (a-t-elle faim ?) et tombe sur une source de nourriture. Elle revient vite au nid en marquant son trajet pour mobiliser ses congénères qui se prélassent sur des matelas relaxants. Progressivement d'autres ouvrières vont s'engager sur la piste, qui elles-mêmes tenteront de mobiliser encore d'autres fourmis inactives. Cette mobilisation graduée des ouvrières vers telle ou telle tâche permet à la colonie de trouver la réponse optimale, soit pour renforcer l'exploitation d'une ressource, soit pour remplacer des ouvrières mortes, soit même pour assurer la défense du nid. Les ouvrières sont en fait moins inactives que prêtes à l'emploi, des intermittentes du spectacle en somme ! En dépensant moins d'énergie, la colonie économise ainsi ses ressources, mobilisant uniquement celles qui sont indispensables à la survie du groupe à un moment donné. Bel exemple de frugalité qui devrait nous interpeller, humains gâcheurs de produits finis inutiles, pilleurs sans vergogne de ressources naturelles.

Autre exemple d'auto organisation : Les termites qui bâtissent des nids immenses, de véritables immeubles s'élevant à plusieurs mètres du sol pour former des arches qui ne sont pas sans rappeler les constructions humaines : la température intérieure d'une termitière reste à vingt-sept degrés, qu'il fasse zéro dehors la nuit ou quarante le jour. Des systèmes de ventilation, des chambres de stockage, des cheminées, un véritable labyrinthe écologique à faire pâlir Bouygues ou Vinci, et surtout des formes différentes selon les pays comme si les termites payaient des architectes pour créer leurs habitats en fonction de critères géo-climatiques qui nous échappent. Mais si nous voulons expliquer la formation de ces structures, l'étude des termites pris un à un, par exemple l'analyse de leur câblage nerveux, ne suffit pas. On pourrait tout connaître de l'anatomie et du comportement d'un termite sans pour autant comprendre comment il s'y prend pour participer à la construction de son habitat. Aucun termite ne possède l'équivalent d'un plan, même partiel, de la superstructure où il vit et le savoir-faire dont dispose chaque individu termite est une fonction extrêmement simple du type : Si je tombe sur une boule de terre, je la prends et la dépose là où la quantité de phéromone est la plus importante. La superstructure résulte donc de l'interaction dynamique de milliers de termites qui surpasse le travail de chacun des ouvriers dont aucun n'a idée de la cathédrale qu'ils construisent tous ensemble. Il n'y a surtout aucune hiérarchie, aucun responsable dans l'accomplissement de ces transformations. Tous les éléments jouent en harmonie. Le Chief Executive 0fficer et le Directeur des Ressources humaines, mot horrible comme si les collaborateurs étaient des objets, sont inconnus.

On retrouve ces comportements sociaux dans les vols d'étourneaux qui par dizaines de milliers d'individus dessinent dans le ciel du soir de splendides arabesques sans jamais se toucher alors qu'ils volent à toute vitesse à seulement quelques centimètres les uns des autres pour se protéger de l'intrusion d'un prédateur par l'effet dissuasif de masse compacte créée. Pas de chef qui lance son Go à l'escadrille pour virer sur l'aile à droite cap au 135, ou piquer vers la terre. Ballet identique chez les sardines qui se regroupent par milliers en bancs entiers dans le même but de survie. Efficacité d'abord, seule l'espèce compte, l'individu n'est rien ou presque et pourtant il pourrait exister des bribes d'autonomie chez ces insectes sociaux, parcelles infimes de liberté déjà présentes lorsqu'on les voit se mouvoir à l'intérieur de leur nid dans des parcours qui semblent improvisés.

Il existe aussi d'innombrables politiques d'auto-organisation dans les cellules de nos corps, dans nos villes, nos sociétés, nos civilisations. Au travers de cette organisation sans hiérarchie, mais possédant une stricte régulation on observe la marche d'un système qui promeut ce qui lui sert et détruit ou abandonne ce qui l'importune ou ne lui est plus utile, le tout dans une indifférence glaciale. Ilya Prigogine et Isabelle Stengers dans *La Nouvelle alliance* résument ainsi ce processus universel d'auto organisation à l'efficacité redoutable « *Un être vivant est un ensemble de rythmes. Tous ces rythmes ne sont possibles que parce que l'être vivant est loin de l'équilibre. Le non-équilibre, c'est la voie la plus extraordinaire que la nature ait inventée pour coordonner les phénomènes. Donc, loin d'être simplement un effet du hasard, les phénomènes de non-équilibre sont notre accès vers la complexité* »

## Nés de la graisse

Le naturaliste anglais Robert Hooke, analysant dans son microscope tout neuf une écorce d'arbre, découvrit son aspect cloisonné et publia sa découverte dans *Micrographia* en 1665. Il appela *cellula* ces structures végétales bien délimitées en référence au nom latin des petites chambres des monastères. Trois ans plus tard, Antoine Van Leeuwenhoek aperçut dans son microscope des bactéries qu'il appela « *animalcules* », mais nul ne connait exactement la date ni le lieu de l'apparition sur Terre de « *la* » première cellule. Nous savons juste que ces êtres vivants comportant un milieu intérieur séparé par une membrane se transformèrent en unités capables de se reproduire de façon autonome. Les bactéries et les archées, des cousines du premier âge, bâties sur d'ingénieux plans assez semblables apparurent ainsi pour coloniser la planète entière à centaines de milliards de milliards d'individus silencieux et invisibles à l'œil nu.

Les premières traces d'êtres que l'on appelle « vivants » furent découvertes en 2017 par l'équipe de Jonathan O'Neil dans la baie d'Hudson, au nord du Québec sous la forme de microfilaments fichés dans des sédiments de roches sous-marines. Datant d'environ quatre milliards d'années, nos ancêtres étaient des assemblages de molécules chimiques simples, des phospholipides et du cholestérol ces graisses que nous chassons à longueur de régimes. Ces molécules possèdent une qualité naturelle inestimable à savoir fût qu'elles s'attachent à la queue leu leu dès qu'elles se frôlent. Des dragueuses, des aguicheuses que personne n'osait à l'époque poursuivre pour harcèlement. Elles sont aussi douées d'une certaine motilité en se vrillant, se tordant et se pliant. Composées au début de quelques atomes chacune, elles grandirent et de simples chaines linéaires qu'elles formaient se refermèrent sur elles-mêmes dessinant un cercle ou un ovale, tel un collier cloisonnant un espace intérieur séparé du reste du monde afin de se retrouver chez soi. Première étape de démarcation d'un individu aussi frustre soit-il comme pour assurer au mieux sa survie en se pelotonnant. Une bulle ou une goutte de vie contenant déjà quasiment tout son potentiel à partir de presque rien. Comment invoquer le hasard dans cette organisation quand il s'agit d'une intelligence qui nous échappe ? Admettons plutôt que nous sommes incapables d'en saisir les rouages et la finalité. Se renifler, se rapprocher, s'enlacer ne procèdent pas du Loto ce que Paul Eluard pressentait en écrivant « *il n'y a pas de hasard, il n'y a que des rencontres* ».

Moment magique dans l'histoire de l'Univers, ce cloisonnement, cette véritable individuation fût l'un des secrets de l'explosion de la vie biologique comme l'indique mon collègue Antonio Damasio, médecin neurologue travaillant sur la conscience : « *La politique visant au développement et à la domination qui représente le moteur de la vie, est liée à la quête incessante à l'harmonie avec les milieux ambiants. Le cloisonnement en unités distinctes qui échangent de l'énergie par des procédés aussi variés qu'ingénieux répond parfaitement à ce projet. Il fallait y adjoindre un système d'information sophistiqué qui organise les étapes d'une complexification croissante pour produire de la matière biologique utile au développement des êtres vivants* » Vie fondamentalement et réellement sociale dès ses premiers instants sans qu'elle n'ait besoin de se parer d'un grand V signifiant une force génératrice d'êtres vivants tels que le suggérèrent les vitalistes depuis Aristote qui, dans *De Anima,* pensait l'âme comme principe moteur jusqu'à Xavier Bichat considérant la vie dans *Recherches physiologiques sur la vie et la mort* comme « *l'ensemble des fonctions qui s'opposent à la mort* ». Cette vie dont à ce jour, l'Homme représente tout simplement le spécimen le plus élaboré dans la complexité de sa relation aux autres sans y chercher un élan particulier propulsé par une force suprême ordonnatrice de toutes choses.

## Dire que nous venons d'elles !

Les bactéries sont parmi les êtres vivants que nous craignons le plus, les prenant pour des ennemies alors qu'elles sont nos mères. Nous en parlons seulement lorsqu'elles attaquent nos corps au cours d'épidémies hivernales récurrentes ou de pandémies aussi ravageuses que massives telles la Peste et le Choléra dont le souvenir s'affiche, terrifiant, sur les fresques des danses macabres qui ornent encore les murs des églises. Or, eu égard au nombre immense et aux gîtes innombrables de ces minuscules êtres primitifs, les cataclysmes biologiques qu'ils engendrent restent rares. Les bactéries nous aident beaucoup plus qu'elles nous agressent et leur résistance est plus souvent due à nos attaques médicales par des antibiothérapies aussi inutiles que démesurées qu'à leur volonté de nuire. N'ont-elles pas le droit de se défendre ?

Apparues il y a trois milliards huit cents millions d'années, les bactéries forment des structures monocellulaires complètes et opérationnelles dont il existe au moins dix mille espèces recensées et sans doute infiniment plus. Elles possèdent une membrane faite avec les graisses décrites plus haut, séparation physique et biochimique qui les individualise du milieu extérieur. Mais cette membrane protectrice est en même temps une barrière perméable qui les relie à leurs congénères et au monde ambiant. Elle possède des ponts-levis, des échauguettes, des miradors, des mâchicoulis et des meurtrières permettant ou interdisant le passage d'éléments qui transfèrent des informations. Tant de fonctions, de travail, d'échanges réunis au sein d'un être vivant aussi petit (en moyenne 2,5 micromètres) nous font toucher du doigt la présence d'une complexité à nulle pareille dès l'origine !

Les bactéries connurent toutes les agressions possibles et imaginables que les conditions géo-climatiques locales pouvaient leur faire subir. La Terre à ses débuts vécut en effet des évènements terrifiants : les volcans ne cessaient de cracher leur feu, des orages gigantesques lançaient leurs éclairs, des pluies de météorites incessantes bombardaient la planète, y creusant des cratères géants. L'atmosphère, surtout composée d'eau, de méthane et d'ammoniac, ne filtrait pas encore les ultraviolets venus du Soleil. Pour se protéger de ces rayonnements nocifs, les premières bactéries malignes et prudentes se cachèrent sous la surface des mers dans des lagunes à l'eau encore chaude ou tiède pour y pomper leur énergie à partir des matières dissoutes. Parlez-moi encore du hasard à se planquer de la sorte ! Ce sont des échanges d'informations avec le milieu ambiant qui ont dû les amener à choisir les lieux où elles se sentiraient au mieux de leurs conditions.

Elles vécurent en anaérobie, c'est-à-dire sans oxygène et se reproduisirent en masse, véritables envahisseurs comme si elles accomplissaient le premier acte d'un vaste plan de transformation en profondeur de la jeune Terre. Là encore, comment ne pas évoquer des traces d'autonomie et de décision appropriée dès cette époque, attitudes que d'aucuns nomment « « réflexes » pour ne réserver qu'à l'Homme la capacité de choisir ? Quand on allume une ampoule électrique qui déclenche un son de sirène d'alarme, on quitte déjà le hasard pour rentrer dans l'information, même si le choix est simple car binaire. Telle se résume l'hypothèse de Giulio Tononi dans sa Théorie de l'Information Intégrée (IIT) arguant de l'hypothèse que la conscience serait l'étape ultime de la collaboration des systèmes physiques, chimiques et biologiques qui nous font exister.

À l'intérieur de leur membrane les bactéries contiennent un espace, le cytoplasme, composé de 80 % d'eau et de divers ingrédients dont les protéines ces briques à bâtir des organes qui y barbottent bien protégées. Formées d'acides aminés, petites molécules qui s'agglomèrent en chaines de longueurs variées, les protéines représentent 20 % des constituants de notre corps. Elles prennent des formes multiples en se repliant sur elles-mêmes dans de belles architectures en trois dimensions en vue de fabriquer des muscles, des os, de la peau, des nerfs et tous les autres organes, du foie au cerveau. Leur disposition spatiale joue un rôle important dans leur activation au-delà même du code génétique. Elles produisent aussi des hormones et des neurotransmetteurs qui passent les messages de neurone à neurone, des enzymes qui détruisent et reconstruisent les molécules qui forment nos organes et des anticorps qui nous protègent des intrus agressifs. La panoplie de survie est alors au complet.

Alors que ces protéines et ces enzymes sont les constructeurs faisant tourner les usines à fabriquer la vie, le code génétique, lui, participe à la gestion des multiples fonctions de nos corps dans son rôle d'ordonnateur des dépenses énergétiques. Ce code contenu dans les molécules d'Acide DésoxyriboNucléique, l'ADN, est la feuille de route qui autorise la fabrication des dites protéines par la cellule grâce à un alphabet composé de quatre lettres seulement, chacune correspondant à un acide aminé particulier, nano-pièces aux charmants prénoms : Adénine (A), Guanine (G), Cytosine (C) et Thymine (T). Ces acides aminés liés par deux par deux pour formèrent trois milliards de « paires » de base azotées qui jouèrent un rôle déterminant dans le stockage, l'expression et la transmission de l'information génétique. Ils s'apparièrent pour créer des unités informationnelles plus grandes, les vingt-trois mille gènes, bribes d'ADN qui composent le génome humain dont la mission régalienne est triple : D'abord assurer la transmission des caractères des parents aux enfants en bons gardiens des lois, rôle du Conseil Constitutionnel. Ensuite, gérer les informations utiles à l'édification des protéines, responsabilité du gouvernement et enfin réguler les messages reçus visant à modifier la structure des organes quand cela s'avère nécessaire, mission de contrôle du parlement. Ainsi, même nos institutions imitent la nature. En notant qu'une seule cellule de notre corps contient quarante millions de protéines qui interagissent en permanence et que certaines fonctions de nos corps nécessitent à elles seules l'action coordonnée d'au moins dix mille gènes, on mesure l'obligation quasi absolue d'une organisation autrement plus efficace que nos grand-messes politico-syndicales.

Ce code subit tout au long de l'histoire des êtres vivants de multiples transformations pour nous permettre de résister aux conditions géo-climatiques les plus dramatiques sous peine de disparaitre. Nous sommes donc tous des organismes génétiquement modifiés, oui ! des OGM en chair et en os, n'en déplaise à José Bové et ses comparses, lamentables faucheurs de laboratoires de recherche génétique. Sans mélange, point de vie ; sans mixage point d'évolution ; sans adaptation point de résistance aux aléas. Cent quarante-cinq gènes que nous portons proviennent de ces bactéries primitives, notamment le système qui caractérise nos groupes sanguins et, personnellement, je me sens en pleine forme tout OGM que je suis, point dénaturé par ces mixages incessants qui m'ont fait. Avec notre génome nous possédons dans nos corps la mémoire et les reliques des premiers moments de la vie, trésor à contempler avec le plus grand respect tout comme la succession historique des manipulations génétiques qui nous ont dessinés. L'organisme pur, non génétiquement modifié n'existe pas puisque son destin immédiat est la mort.

## La sexualité à deux

À partir de leurs ancêtres rustiques, mais solides se reproduisant en clones identiques les cellules innovèrent en se multipliant via la reproduction sexuée afin de nous offrir un éventail beaucoup plus large de possibilités d'existence. Là encore, la science constate, mais n'explique pas le pourquoi d'une telle politique. Qu'advint-il donc pour vouloir faire à partir de deux êtres vivants un troisième différent ? Il existe dans la nature des formes de transmission plus simples reproduisant un individu à partir d'une cellule femelle non fécondée, d'une vierge, par parthénogenèse comme chez le puceron. Mode de reproduction monoparental tout comme l'autofécondation qui nécessite l'intervention de deux cellules, mâle et femelle, apportés par le même individu dit hermaphrodite tels certains serpents et oiseaux. Nous sommes incapables d'expliquer ces phénomènes de transmission monoparentale qui n'ont d'autre but à atteindre que de réussir en rejetant dédaigneusement nos schémas anthropocentrés d'une procréation obligatoire au moyen de deux êtres vivants différents sexuellement, homme et femme.

Pour assurer ce travail de perpétuation de l'espèce sans trop d'erreurs, il fallait prendre soin des outils de transmission, les mettre en lieu sûr dans une boite qui les protège de toute dégradation. Nouvelle preuve d'intelligence, la cellule déjà bardée de remparts membranaires avec ses multiples entrées et sorties trouva une solution en se dotant d'une deuxième barrière à l'intérieur de son propre espace. Elle créa un véritable donjon en vue de regrouper à l'abri les membres de la famille noble, c'est-à-dire les structures qui composent le code génétique. Elle eut une autre belle idée en compactant l'Acide Désoxyribo-Nucléique pour permettre sa duplication sans prendre trop de place. En effet, au moment de la reproduction sexuée, l'ADN se pelotonne pour former vingt-trois paires de chromosomes dont les bras se séparent, chacun d'entre eux rejoignant un autre bras venu d'un autre individu en vue de créer un être neuf qui n'est pas un clone identique à ses parents, mais un être bien différent de ses deux géniteurs. Cet ingénieux système favorisa la biodiversité, augmentant d'autant la puissance d'être.

L'ADN prit donc ses quartiers d'hiver dans le donjon du château, le noyau de la cellule bien protégé dans son nouvel espace de travail, ouvrant la voie des êtres dits « eucaryotes » qui apparurent il y a environ deux milliards d'années. Sa forme en double hélice, découverte par Crick et Watson, prix Nobel 1953, est un modèle d'ingénierie qui se déroule astucieusement comme un serpentin de foire dans lequel on souffle pour le déplier. Une telle disposition assure un stockage gigantesque de données dans un espace minuscule en vue d'agir au plus vite et au mieux des sollicitations incessantes que subit la cellule pour collaborer avec ses voisines. Si vous alignez tout l'ADN que contient une seule cellule du corps humain, vous obtenez un filament d'une longueur de deux mètres. Le chromosome 1, le plus grand, une fois déplié contient sur ses sept centimètres deux cents millions de paires de base qui codent. En étirant bout à bout tous les ADN des trente mille milliards de cellules de notre corps, on déroulerait soixante milliards de kilomètres d'informations codées soit quarante mille fois la distance de la Terre au Soleil. Quel calculateur numérique pourrait mieux faire dans un aussi petit volume en dépensant si peu d'énergie ?

L'ADN, en raison de sa durabilité et de ses capacités énormes de stockage d'informations a déjà été utilisé comme vecteur de mémoire pour nos ordinateurs dont les disques durs ont une limite au stockage et une durée de vie courte qui ne dépasse pas quelques années. Il s'agit d'un problème majeur concernant la conservation des données qui doivent être transposées à intervalles réguliers de machine à machine, question sur laquelle planchent activement informaticiens et génomiciens. Selon une équipe de Harvard, avec 4 grammes d'ADN on pourrait stocker l'ensemble des données produites dans le monde en un an soit près de 3 zettaoctets. Des chercheurs ont donc synthétisé l'ADN d'une cellule pour le rendre inaltérable, capable de résister à des températures extrêmes, puis ils ont remplacé les lettres A et C du code génétique par le code informatique 1 et les lettres G et T par le code 0. Les données furent récupérées par séquençage, grâce à un algorithme informatique reconstituant les différents fragments. Des essais prometteurs permirent de transférer entre deux villes distantes un texte, une vidéo et des photos. L'informatique de la vie détrônant nos vieilles bécanes vendues par Apple, HP ou Dell !

## Premiers pas

Un agencement interne de molécules plus rigides, le cytosquelette, donna aux cellules leurs formes et assura leur motilité. Elles se mirent à se contracter et à se dilater successivement pour avancer, aidées lorsqu'elles en possèdent une par leur petite queue, le flagelle, qui en se vrillant permet de s'orienter à droite ou à gauche. Elles allèrent là où elles se sentaient le mieux, en particulier retrouver leurs copines pour tchatcher en se serrant les unes contre les autres, car seul on s'ennuie. Elles développèrent ainsi des protéines qui régissent leurs mouvements sous : des molécules d'adhésion des cellules entre elles permettant leur accolement membrane contre membrane comme un système Velcro pour avancer ensemble ; des molécules d'adhérence à une surface sur laquelle elles se déplacent aisément sans tomber ; ou encore des molécules de superposition qui empilent les cellules en hauteur les unes sur les autres pour créer des tissus appelés « épithélium » d'épaisseur variable comme la peau. Les cellules ainsi placées à proximité les unes des autres échangent de nouveaux signaux modifiant l'expression de certains gènes qui à leur tour vont en modifier d'autres dans des séquences adaptatives sans fin.

Lorsqu'au cours de l'évolution survient un changement qui bloque l'expression d'une molécule, c'est-à-dire une mutation, il en résulte l'émergence d'une nouvelle structure de forme différente. Pour peu que cette structure vivante émergente se révèle mieux adaptée à son environnement, la sélection naturelle favorisera sa reproduction aboutissant à une augmentation de la fréquence du gène mutant dans la population, preuve du bien-fondé des hypothèses de Charles Darwin.

L'évolution semble donc correspondre à la fois au résultat de la compétition entre les individus et à celui de leur travail collaboratif sous la pression des modifications de l'environnement. Parées de tous leurs plus beaux atours, les machines vivantes travaillèrent et se battirent sans relâche pour se maintenir debout dans le grand champ de bataille qu'est l'univers qui ne laisse aucune chance aux faibles ni aux boiteux jusqu'au jour où un individu bizarre, l'Homme, apparut en renversant la table. Poussé par une sociabilité débordante et une empathie admirable, cet animal médiocre tendit la main au plus petit des déshérités. Il consola celui qui flanche, rassura celui qui désespère, donna le bras au faible sans jamais juger. Inversion totale de l'ordre des choses, Darwin débordé par *Sapiens* capable de compassion et d'amour. On quitta le ring des combats préhistoriques brutaux pour rentrer sur la scène de l'humain et de ses valeurs les plus authentiques.

La grande variabilité au sein d'une population d'êtres vivants engendre des différences d'aptitudes qui mettent à bas la notion d'égalité, qualité radicalement anti naturelle, mais profondément humaine. L'égalité biologique n'existe pas dans la mesure où nous sommes tous différents, plus ou moins grands, beaux ou laids, habiles ou patauds, rapides ou lents, intelligents ou bêtes. Pour parer à ce désordre naturel l'Homme promut la fraternité qui défie le chaos en parant à la violence des plus forts pour aider les plus faibles. Changement complet d'objectif, la matière n'apparaissant qu'un support d'échanges infinis vers plus de profondeur d'être et de partage, marques inaliénables de notre humanité. Si finalement l'individu ne représente « *qu'un exemplaire, un échantillon de la volonté de vivre* » comme l'exprime Schopenhauer, alors que ce soit au moins en aimant les autres de toutes ses forces.

## On ne meurt jamais complètement

Les premières bactéries nous ont ouvert la voie, elles qui commencèrent à se reproduire pour perpétuer la vie. Nouvelle venue au club chacune d'entre elles parfaitement en phase avec la communauté cellulaire tout entière partagea un même souci de maintenir une composition chimique stable dans un équilibre biologique permanent, première esquisse du respect que se doivent les êtres vivants. Autre avantage sélectif, être à plusieurs renforce la capacité de défense du groupe face aux agresseurs. En effet, par le danger qu'ils créent, les ennemis favorisent la cohésion de la communauté contre eux-mêmes dans une régulation globale du système. On se cogne, on s'étripe, on se bouffe pour développer égoïstement sa petite boutique, mais en même temps en agissant ainsi on fait perdurer la vie, on l'optimise en se liant aux autres pour être plus forts dans un remplacement incessant d'êtres passeurs de messages codés qui perpétuent l'espèce. On mesure ainsi la puissance de la destruction créatrice, sans cesse à l'œuvre, qui à son acmé se traduit par la guerre, phénomène de cristallisation brutale d'envie d'être et de dominer que la compétition sportive réduit à sa version light, sans bombes ni fusils. Mais c'est toujours la vie qui gagne rejetant l'immobilité, c'est-à-dire la mort comme un événement secondaire sans autre conséquence que de permettre à l'existence de triompher au travers des successeurs dans des mutations infinies. Entre l'être et le néant, c'est le premier qui gagne et se développe en se fichant du « rien » invention biscornue pour quelques philosophes en mal de conférences. *« Je cherche Rien, aidez-moi s'il vous plait ! Vous ne l'avez pas vu ?* » Rien ce n'est rien, donc rien. Un truc sans rien pour faire croire à mon cerveau que lui existe bien. Une idée à la Platon, là-haut dans son ciel pur, mais c'est Parménide qui a raison nous rappelant que « *Seul l'être est, le néant n'est pas* ». Je n'ai nul besoin de savoir que je suis puisque je le sens de tout mon corps. La densité d'un être ne se mesure donc pas à sa quantité d'intelligence et Rien n'est pas zéro qui, lui, a un sens pour m'aider à compter. Je n'ai donc pas besoin de Rien pour vivre. Rien n'a jamais fait quoi que ce soit, Rien est un non-évènement, Rien n'existe pas, n'en parlons plus !

Une fois morts les êtres vivants, de la bactérie à l'homme, se dispersent et leurs formes disparaissent, mais pas les briques élémentaires qui les ont composés. Nos atomes perdurent, ils se répartissent dans l'espace et leurs particules rejoignent d'autres êtres. Il y a dans ce schéma quelque chose de la réincarnation fleurtant avec le Samsara hindou. L'Univers est ainsi composé des particules de tout le monde. Un énorme marché aux puces atomique, un vide-grenier sidéral gigantesque ! Certains atomes vont se nicher dans l'herbe, dans des fleurs et dans les arbres, dans les océans, les rivières, sous les glaciers, d'autres colonisent une pie, un grand cerf ou une petite souris ! Tout se mélange, tout s'assemble pour le meilleur et pour le pire. Je possède peut-être en moi des atomes de Socrate ou de Pol Pot, d'Attila ou de Mandela, ou encore ceux d'un Diplodocus ou d'un Brontosaure, voire de l'Atlantide ou du Paradis Terrestre, respirés à l'occasion d'une balade en mer aux abords de Bréhat, avalés en mangeant un MacDo sur le bord de la Nationale 12, ou sirotés avec une paille sur le trottoir d'un after-hours bar du Marais à Paris. Atomes vagabonds qui cherchent le gite et le couvert en se mêlant à d'autres corps. Eux sont immortels ou presque, alors que moi, je ne suis qu'une auberge temporaire accueillant gracieusement leurs mystérieux ébats pendant mes brèves années de vie.

Flux perpétuel d'énergies et de forces qui se combattent ou s'assemblent, la vie grouille de ces atomes recyclés en tous objets ou corps, matière inerte ou vivante, c'est toujours la même organisée autrement. Oui Descartes, tu m'as vraiment tué en me dissociant ! Schizophrénie de l'être. Parce que la pierre est dure, ne bouge pas, ne rit pas, ne crie pas, on ne lui concède qu'un permis de présence, mais pas d'être. Venue des galaxies, elle est pourtant née de la matière en fusion, s'est développée, se transforme et s'use au fil du temps, comme moi, un temps qui se compte en millions et milliards d'années, pas en heures, minutes ou secondes. Individus pressés incapables d'écouter les bruits silencieux ou de voir les mouvements statiques, nous sommes incapables de reconnaitre cette vie de la matière dans sa longue, sa très longue durée qui nous la fait croire figée, inerte, morte ou jamais née alors qu'elle vibre de tous ses atomes.

## Touche-pas à mes germes !

La Vie est chahut, fête et grouillement sans fin : il suffit de regarder au travers de la lentille du microscope le spectacle fascinant des bactéries qui se déplacent sans arrêt, se caressent, se frottent, se bousculent, se regroupent et se dédoublent pour se reproduire à une vitesse infernale. Nous ne faisons pas autre chose, à la dimension macroscopique, hommes et femmes qui croissons simplement dans une temporalité plus longue. L'exemple de la bactérie Escherichia Coli, communément surnommée Colibacille, nous fait toucher du doigt à quel niveau se situe la puissance d'être : Microbe de trois micromètres, pesant cinq picogrammes, E. Coli représente 80 % de notre flore intestinale en se comportant en invitée polie, sauf quand elle empoisonne des millions de femmes sujettes aux cystites qui se précipitent aux toilettes toutes les cinq minutes pour relarguer trois petites gouttes d'urine brûlante.

Doublant toutes les vingt minutes à 37°, en douze heures un seul colibacille se reproduit en plus de trente-cinq milliards de bactéries filles. Usine biologique vertigineuse de capacité productrice, exceptionnellement équipée pour dépenser le moins d'énergie possible que l'homme utilise dans l'industrie pour son efficacité inimitable, sa discrétion absolue et sa quasi-gratuité. On la voit travailler, notamment dans la confection de sacs plastiques biodégradables, dans la production d'insuline et de médicaments. L'employée rêvée.

Notre corps pullule de bactéries qui y trouvent tout ce qui leur faut pour subsister. Elles seraient au nombre de cent mille milliards, divisées en cinq cents espèces, soit entre trois et dix fois le nombre de cellules que contient le corps humain. Nous hébergeons près de deux kilos de microbes. À dire vrai, nous ne sommes que des coolies biologiques, des porteurs de bestioles avec lesquelles nous vivons en bonne intelligence. Elles nous aident à digérer les aliments contenus dans l'estomac et l'intestin. Elles protègent notre peau, notamment les Staphylocoques, les Candida et autres champignons dont nous possédons un million de spécimens au centimètre carré de surface cutanée. Elles entretiennent notre garde immunologique qui nous protège des agressions. Nos organes génitaux, notre bouche, sont de grands hébergeurs de miasmes en tous genres. Je suis un parking à germes, un silo à vibrions, un énorme tas de microbes qui s'installent, se baladent, profitent avant de me quitter en silence, sans même demander la permission de sortir.

Loin de moi de faire l'éloge de la saleté, mais nos délires d'hyper-propreté, de chasse au moindre microbe inoffensif, nos manies de lavages corporels incessants sont une injure à la vie et ne favorisent pas nos défenses immunitaires. Paix aux germes de bonne volonté. La multiplication des maladies en rapport avec la diminution de la flore bactérienne intestinale et la résistance de ces microorganismes sous la pression des antibiotiques délivrés à la va-vite dans des ordonnances bâclées en dit long sur la coopération naturelle, ou plutôt antinaturelle que nous poursuivons avec nos invités invisibles.

Les bactéries sont à la fois nos aïeux et nos descendants, car elles nous survivront sans doute tant leurs capacités de résistance s'affichent exceptionnelles. Certaines d'entre elles peuvent vivre à la température du quasi zéro absolu (- 273° Celsius), quand le mouvement des atomes s'arrête, ou au contraire à plus de 400° quand les particules s'agitent dans tous les sens. D'autres supportent une pression de dix tonnes au centimètre carré, ou se développent dans des milieux hautement acides ou encore vivent des centaines voire des millions d'années en restriction hydrique. Elles ont une intelligence réelle, non conceptuelle, dans leur capacité à percevoir les modifications de leur environnement, à communiquer via des molécules qui sont leurs signaux. Ce sont surtout des êtres éminemment sociaux qui savent se rassembler en colonies immenses pour devenir plus forts au sein d'un projet de développement global porté par une connaissance affinée des situations.

## S'adapter ou crever

Selon Richard Dawkings, la vie altruiste de la Nature aurait pour origine la transmission d'une portion prédominante du matériel génétique de cellule à cellule pendant un nombre suffisant de générations favorisant la vie commune. On voit mal en effet comment les cellules laissées à elles-mêmes n'auraient pas été tentées de faire ce qu'elles voulaient pour leur propre survie égoïste sans tenir compte du fonctionnement global du groupe. Les milliards de cellules qui nous font hommes s'obligent à une régulation d'ensemble, comme déjà évoqué, sans qu'il n'y ait de chef charismatique perché sur son estrade tricolore, les bras levés vers le ciel haranguant la foule en délire. Elles adoptent une politique commune avec un seul mot d'ordre auquel nulle d'entre elles ne peut déroger sauf à périr sous les coups du système de défense immunitaire : vivre chacune pour soi, mais toujours les unes avec les autres. « *Un pour tous, tous pour un* » devise de la Suisse et des Trois Mousquetaires. Parole d'Evangile, belle leçon de démocratie et d'humanisme biologique ! Quand les cellules cessent de muter, leur état stationnaire les rend inaptes aux nouvelles conditions géo-climatiques et organisationnelles, elles disparaissent.

On retrouve cette régulation permanente dans la vie de nos sociétés dont la transformation nécessaire ne saurait être freinée voire empêchée par ces « acquis » dont on nous rebat les oreilles à longueur de défilés scandés à coups de slogans ringards dans des porte-voix nasillards entre Nation et Bastille. L'Homme serait-il le seul à refuser de muter ? D'ici vingt-cinq ans, de nombreuses professions auront disparu, remplacées par d'autres associées à des systèmes automatiques plus sûrs, cogérés depuis des centrales de commande numériques pendant que quelques milliers d'attardés continueront à battre le pavé en brandissant les banderoles de la CGT, la Congrégation Gériatrique Terminale. Nul doute que le macroscopique ferait bien de s'inspirer du microscopique pour survivre.

C'est à partir des cyanobactéries, il y a sept cents millions d'années, que des êtres aux corps mous, sans coquille ni squelette apparurent comme les vers et les méduses. Puis il y a quatre cent cinquante millions d'années, les premiers poissons colonisèrent les eaux suivies par les amphibiens, premiers animaux vertébrés à sortir de l'océan primitif pour gagner la terre ferme. Ensuite les insectes se multiplièrent et les reptiles se mirent à ramper sur le sol il y a près de trois cents millions d'années. Les oiseaux s'envoleront un plus tard. Nous sommes les derniers arrivés avec des attributs sommaires, mais particulièrement doués intellectuellement.

Le passage de la vie marine à la vie terrestre fut un événement magistral : les êtres vivants quittèrent les eaux pour rejoindre la terre ferme au prix de transformations considérables de leurs organismes qui s'étalèrent sur des millions d'années. Ayant grimpé sur le sol dur, ils se confrontèrent immédiatement à des conditions géo-climatiques et physiques totalement différentes les obligeant à s'adapter à une autre lumière, à subir une autre pression sur les corps, à connaitre d'autres températures, à expérimenter de nouvelles formes de respiration et de locomotion, à vivre une transformation de leurs organes sensoriels, à rechercher de nouveaux aliments et à parer à des dangers inconnus. Quelles motivations poussèrent ainsi nos ancêtres à conquérir à leurs risques et périls un espace qui ne connaissaient pas, s'adaptant à leur nouvel environnement qui changeait lui-même sans qu'ils ne puissent rien faire d'autre que de s'y adapter ou de disparaitre. Surement pas le hasard, mais un besoin de découvrir, une folle envie de conquérir de nouveaux espaces. Ainsi, de mutation en mutation, de millions d'années en millions d'années, la nature en arriva à construire des voitures et des autoroutes, des centrales nucléaires et des éoliennes, des chaudières et des frigos, des panneaux photovoltaïques et des smartphones, des ordinateurs et des robots, des instruments de musique et de chirurgie, des glaces à la vanille, des enceintes acoustiques, des vélos électriques, des chaussures de sport Nike et des sachets de bonbons Haribo.

## Je ne m'appartiens pas

Le plus souvent nous naissons grâce au bon vouloir de deux êtres. Il s'agit de la volonté d'autre, mais pas du nouvel être créé. Lui n'y est pour rien. Il ne peut pas se considérer comme le propriétaire de son corps, contrairement aux revendications bruyantes de celles et ceux qui cherchent à imposer le droit d'en faire usage comme ils l'entendent dans une démarche de promotion du « *Moi, je* » insupportable d'égoïsme à la petite semaine. Mon corps appartient à l'ordre du monde, mais pas à moi. Ma seule propriété sont mes idées, quand j'en ai ! L'imbécile profond ne s'appartiendrait donc pas du tout, mais comme il ne s'en rend pas compte, son état ne semble guère le perturber.

Comment nous rendre propriétaire d'une chose qui nous tombe dessus, issue d'un spermatozoïde et d'un ovule qui eux-mêmes ne revendiquent rien et n'ont pas été choisis pour se recontrer. Personne n'achète sa mise au monde et nul ne l'a jamais demandée. Un don, me répondrez-vous ? Mais non, une loterie ! Donner quoique l'on ne connaisse pas ? Donner quoi que l'on ne possède pas soi-même, que l'on a seulement hérité d'autres, et en partie seulement ! On ressemble plus à de la location longue durée, du leasing, rendant nos corps à un terme non défini dont d'autres utiliseront les particules.

Pour une fois la vie jouerait-elle à la roulette pariant sur le rouge ou le noir, le pair ou l'impair dans un « *faites vos jeux* » à nous balancer sur le dos tout un héritage génétique que nous ne désirons pas forcément. Telle serait la seule part de hasard, on plutôt d'imperfection que connaissent tous les bâtisseurs quelle que soit la précision de leurs plans. Dans le domaine, certains tirent le gros lot quand d'autres se retrouvent plombés par des déterminants peu enviables. La médecine travaille à réparer ces beugues, mais si demain les manipulations génétiques nous permettaient de choisir l'intégralité physique et intellectuelle de nos enfants, nous en deviendrions alors propriétaires, responsabilité terrifiante ! Dans ce cas une fois majeure, une fille pourrait reprocher à ses parents de l'avoir faite blonde aux yeux bleus d'une taille d'un mètre soixante-cinq alors qu'elle rêvait d'être brune aux yeux verts plus grands de cinq centimètres. Les avocats, tapis en embuscade, se frottent déjà la toge à l'idée d'une cascade de procès. Pourquoi du jour au lendemain sous l'effet de la loi deviendrais-je à dix-huit ans propriétaire de moi-même, alors que la veille je ne m'appartenais pas ? Nos parents ne sont en rien les propriétaires de nos êtres et nous-mêmes obtenons juste une identité à nulle autre semblable, un code-barre ADN, rien d'autre, simples locataires de nos corps qui ne sont que des agglomérats temporaires d'atomes.

Cela ne nous a pas empêchés de proliférer comme des lapins. En l'an 1 de notre ère, on estimait la population humaine à deux cent cinquante millions d'individus, en l'an 1500 à cinq cents millions pour atteindre un milliard cinq cents millions en 1900. On compte aujourd'hui sur Terre sept milliards et demi d'hommes, de femmes et d'enfants, croissance exponentielle d'une population nombreuse comparée aux 1,7 milliard de bovins, 1,9 milliard de moutons et de chèvres et 980 millions de porcs, mais petite au regard des 20 milliards de poulets et minuscule comparée aux centaines de milliers de milliards de fourmis, de mouches, abeilles, moustiques et autres insectes qui représentent 80 % des êtres vivants actuels et sont là depuis de lustres en se reproduisant rapidement. La longévité de ces espèces de petits animaux qui ne vivent que quelques jours à quelques semaines (hormis les fourmis reines dont l'âge peut atteindre quinze ans) est une garantie de perpétuation de l'espèce, car leurs mutations fréquentes et nombreuses les font s'adapter au mieux. Mutez, mutez encore et mutez sans cesse, il en restera toujours quelque chose, vous vivrez ! Stagnez, piétinez, résistez, vous disparaitrez. À l'origine de cette explosion de vie et d'amours créateurs, il y a peut-être Vibrio Fischeri, une bactérie qui aurait joué le rôle d'entremetteuse en sécrétant une protéine aphrodisiaque susceptible de faire se rencontrer d'autres bactéries. Une mère maquerelle, ou un site de rencontre biologique avant Meetic et Tinder à l'origine du grand bordel de la vie ? La nature ne s'interdit vraiment rien pour exister, tant elle exulte !

Récemment, l'hypothèse d'une origine cosmique des êtres vivants multicellulaires lors de l'explosion cambrienne il y a cinq cent quarante millions d'années a été émise par une équipe internationale de trente paléo-biologistes, généticiens, astrobiologistes et biochimistes menés par Clifton Ragsdale. Les auteurs proposent une explication à première vue saugrenue : la diversification génétique constatée à cette époque de transformations très rapides aurait été déclenchée par l'atterrissage de véritables aliens intelligents, sous forme d'œufs cryopréservés de sortes de pieuvres venues de l'espace via des astéroïdes et des comètes. L'hypothèse d'une origine cosmique de la vie sur Terre ou au moins de son renforcement il y a plusieurs centaines de millions d'années n'est plus un tabou. Ainsi va la science, dérangeante.

# CHAPITRE 3

## De la machinerie humaine

Pouvez-vous voir toutes les inventions dont la machine de l'homme est composée sans admirer de quelle façon cela est agencé l'un dans l'autre ?

Molière, *Don Juan*

La Vie est régie par trois phénomènes fondamentaux : l'émergence, la symbiose et l'homéostasie, toutes fonctions physico-biologiques étroitement intriquées. L'émergence, issue des possibilités de l'auto organisation que nous avons déjà évoquée notamment au travers des colonies animales expliquerait l'apparition de structures complexes dont les propriétés dépassent celles des constituants physico-chimiques dont elles sont issues. Elle pourrait être à l'origine de la conscience qui serait progressivement apparue au travers d'une lente progression dans la sophistication progressive de nos réseaux nerveux s'étalant sur des centaines de millions d'années, connexions dont le fonctionnement ne se résume pas à la simple action des terminaisons de nos sens et de chaque neurone de nos cerveaux comme nous l'analyserons plus loin.

Il existait déjà chez les premiers individus unicellulaires mobiles des potentiels d'action électriques dus à des échanges d'ions qui se transmettaient de cellule à cellule pour les faire se contracter et se dilater afin d'avancer, prémices de la liberté de circulation ! Puis il y a six cents millions d'années apparurent des réseaux diffus de cellules plus spécialisées capables de transmettre une information diversifiée grâce à ces influx électriques auxquels se sont joints des médiateurs chimiques porteurs de messages appelés neurotransmetteurs. S'en suivirent toujours par auto organisation des alignements de cellules nerveuses les unes derrière les autres courant tout le long du corps des êtres vivants de l'époque, d'abord le long du ventre (qui explique le système des neurones intestinaux) puis le long de leur dos (qui deviendra la moelle épinière). La création à l'extrémité de cette chaine d'un conglomérat de neurones, de cellules gliales et de leurs relais, les axones et les dendrites forma un organe intégrateur, le cerveau. Cette céphalisation eut pour objectif de contenir un nombre maximal des neurones dans une petite boite crânienne en gardant une surface d'action suffisante grâce à des replis, les circonvolutions cérébrales, qui permirent de loger tout le monde sans prendre trop de place.

Chaque neurone est en moyenne connecté à sept mille autres et des centaines de types de neurones aux formes, volumes et fonctions variées ont été répertoriés nous montrant que l'auto organisation gère au millimètre près ses espaces de travail. Le cortex cérébral, cette couche superficielle de cellules nerveuses qui recouvre l'encéphale, tient sur une surface minuscule de 0,25 m2. Il est formé d'environ vingt milliards de neurones, deux fois moins que le cervelet beaucoup plus petit et a une épaisseur d'environ 4 millimètres (six couches de neurones en moyenne).

En soi un neurone isolé possède une valeur informationnelle quasi égale à zéro, tout comme une seule donnée numérique brute n'est d'aucun intérêt. Un million de neurones ne font guère mieux, car un système ne se réduit pas à la somme de ses constituants que sont les particules et leurs agrégats chimiques. En effet ce n'est qu'à partir d'un certain niveau d'organisation de la matière que des propriétés authentiquement nouvelles émergent en sautant littéralement d'un état simple à un autre plus complexe, phénomène qui possède deux qualités : premièrement, la structure nouvelle ne peut être ni prédite ni déduite à partir des phénomènes de plus bas niveaux dont elle provient, mystère de l'innovation ! Deuxièmement, cette entité émergente agit sur les structures de même niveau ou de niveau inférieur à elle-même. Par exemple : Le chat joue avec une souris en ordonnant un geste à sa patte avant droite qui obéit tout comme les atomes de ses griffes. Ce mode de fonctionnement fut modélisé par Richard Dawkins lorsqu'il travaillait sur l'organe de l'œil à partir d'une seule cellule capable de photosensibilité. Il s'aperçut que nos yeux se constituèrent progressivement tel que nous les utilisons aujourd'hui. Cette évolution s'effectua grâce aux étapes successives faisant jouer la sélection naturelle en milieu lumineux amenant à l'émergence de photorécepteurs adaptés aux besoins de leurs propriétaires dans les conditions ambiantes du moment. Toumaï ne regardait sans doute pas exactement comme nous voyons aujourd'hui.

## L'Univers n'est pas ce que l'on pense

Nos yeux et notre cerveau nous offrent une vue partielle du monde environnant, car leur anatomie et leurs compositions physiques ne sont pas en mesure de décrire la totalité de ce qui se passe autour de nous. Nous manquons par exemple d'un œil de recul, ne serait-ce que pour voir le petit malin qui rit dans notre dos ! mais surtout nos cerveaux travaillent sur la base de stimuli visuels reçus par nos rétines dans une gamme de fréquences assez limitée, du violet au rouge, soit une longueur d'onde variant de

380 à 780 nanomètres. C'est la réflexion plus ou moins marquée de la lumière transportée par les photons sur les objets qui excite nos rétines. À partir de là, les nerfs optiques transportent les informations codées sous la forme d'influx électriques jusqu'aux différentes zones du cerveau qui les traiteront dans des allers et retours multiples afin de créer l'image de votre plus beau sourire ou de celui de la Joconde en utilisant des cartographies déjà existantes. En réalité les couleurs n'existent pas. Elles ne sont que des impressions virtuelles d'un univers qui n'est ni rouge, ni bleu, ni vert, blanc ou noir. Les atomes sont incolores comme les objets et les êtres qu'ils forment. Le ciel et la mer ne sont pas bleus, le granit n'est pas rose ni les arbres verts. Les Hommes ne sont ni blanc, ni noir, ni jaune de peau. L'Univers est achromatique, pas joli joli ! C'est notre cerveau qui le peint comme une image d'Epinal. Voilà qui est plus gai, mais le rouge que je vois est un pur artifice, une reconstruction cérébrale qui m'est propre, une invention qui n'est sans doute pas la même que la vôtre ni que celle de la pie ou du zèbre. Nos univers sensoriels sont personnels, uniques, inimitables, non transmissibles et nous n'en sommes pas maîtres sauf à tenter de modifier notre perception des formes, des couleurs, des sons, des odeurs et du goût en plongeant dans certains paradis artificiels au prix de l'ingestion d'alcool ou d'hallucinogènes.

Nos langues, nos sociétés, nos institutions sont aussi des phénomènes émergents qui intéressent énormément les chercheurs en sciences sociales en ce qu'ils dictent en partie nos comportements individuels et collectifs sans qu'il n'y ait forcément d'ordres précis ni de slogans à hurler dans la rue. Chaque citoyen ne pèse rien en lui-même, mais la somme des individus qui composent la France a rédigé des Constitutions, créé un parlement, des voies de chemin de fer, des hôpitaux, des réseaux téléphoniques et numériques, une armée, des industries, des commerces, des arts, des spectacles, de la littérature, des universités, des laboratoires de recherche et autres institutions faites pour vivre en commun au nom d'idéaux partagés aujourd'hui remis en cause par l'accroissement des inégalités malgré l'amélioration globale de notre sort.

L'émergence touche jusqu'à l'intelligence artificielle : des robots équipés de capacités sensorimotrices programmées peuvent se comporter différemment en fonction des informations qu'ils reçoivent de leur environnement, émergence de comportements complexes à partir de règles simples et d'interactions locales.

La différence fondamentale entre le minéral, le végétal, l'animal et l'homme tient à ce que la prise de conscience qui est la nôtre intervient pour influencer le cours des choses alors que les autres subissent l'Évolution. Nous sommes les seuls capables de sélectionner ou de proscrire de la panoplie du parfait *Homo* des éléments que nous jugeons utiles ou néfastes à notre présence sur Terre. Nous influons sciemment sur le cours de nos vies et de la Vie tout court par notre désir d'une moindre dépendance aux éléments de la nature. Sacrée responsabilité dont l'usage en bien ou en mal fluctue selon notre raison, nos sensations, nos passions et nos haines.

Le deuxième régulateur du vivant porte le beau nom de symbiose qui signifie « vie ensemble ». Collaboration entre des entités différentes, elle se décline sous trois aspects : On parle de symbiose « mutualiste » quand des organismes partagent des ressources ou des actions, chacun y trouvant son compte tel le poisson-clown qui possède un enduit lui évitant la piqure de l'anémone de mer. La plante aquatique vivante et vénéneuse se sert du petit poisson multicolore comme d'un leurre pour attirer ses proies tout en le protégeant de son poison. Elle peut aussi se révéler « commensale » quand un organisme utilise les ressources d'un autre sans ne le dégrader ni lui faire de mal comme les moineaux qui picorent nos miettes de pain sur le balcon. La symbiose peut enfin s'avérer « parasitaire », situation dans laquelle un organisme pompe l'autre pour se satisfaire tels les virus infestant les cellules pour se multiplier en étouffant leur hôte. Elle

Qu'il s'agisse des océans et des roches, en passant par les métaux, les plantes et la faune jusqu'aux Hommes, la Terre perçoit parfaitement les moindres variations de nos états. Elle s'adapte comme elle peut, grâce à une troisième merveille naturelle dénommée homéostasie ou « même état ». Il s'agit des fonctions biochimiques dont le but est d'assurer le maintien de l'équilibre qui s'établit entre le milieu intérieur d'un organisme et le milieu extérieur qui l'entoure depuis la petite cellule dans ses rapports avec ses congénères jusqu'au grand corps humain et aux sociétés complexes ; mission capitale sans laquelle la vie n'existerait pas puisqu'aucun être vivant ne peut se développer sans un socle sur lequel s'appuyer pour croitre. Véritable système de régulation permanente qui permet à chacun de trouver sa place dans un corps plus grand, l'homéostasie fut décrite en 1865 par Claude Bernard dans son *Introduction à la médecine expérimentale* : « *Tous les mécanismes vitaux, quelques variés qu'ils soient, n'ont toujours qu'un but, celui de maintenir l'unité des conditions de la vie dans le milieu intérieur* ». En résumé, la vie consiste à se protéger en luttant pour tenir son rang tout en s'adaptant sans cesse aux conditions changeantes de son environnement proche ou lointain.

Chez l'Homme ce phénomène d'homéostasie fait travailler ensemble les trente mille milliards de cellules qui façonnent nos organes pour nous maintenir en vie. Il requiert des structures conçues pour répondre à la demande, en premier lieu desquels des capteurs d'informations chargés de renseigner l'organisme sur les conditions de son environnement extérieur. Ces capteurs sont nos sens en éveil permanent qui reçoivent sans cesse des signaux pour les adresser à des centres régulateurs. Un premier niveau de régulation s'appelle le réflexe dans lequel la réponse est ultra rapide court-circuitant le cerveau pour répondre à une situation de crise aigüe réclamant une action immédiate. Le deuxième niveau répond à l'action régulatrice du cerveau qui analyse les valeurs reçues avant de réagir en ajustant ses réponses aux cellules des organes afin de maintenir l'équilibre du milieu au moyen d'activateurs ou de répresseurs faisant office de feu vert ou rouge. Nous retrouverons ce système qui agit en boucle à tous les niveaux des fonctions biologiques dans la séquence suivante : réception du message envoyé de l'extérieur ou de l'intérieur de mon corps, traitement des informations et ordre d'action en retour dans un feed-back incessant. L'homéostasie régule les organismes comme la tour de contrôle d'un aéroport gère l'ordre des approches, des atterrissages, des décollages des avions et le trafic au sol ; ou tel le thermostat qui calibre le chauffage de ma maison selon la température voulue ou encore le variateur de vitesse de ma voiture qui module la puissance du moteur selon la pente de la route pour conserver la même allure.

Par exemple : Le maintien d'un taux stable de sucre dans le sang vise à alimenter sans cesse le cerveau qui ne peut s'en passer pour fonctionner, car il ne possède aucune réserve énergétique du type bidon de glucose de secours. Ce maintien implique toute une cascade de processus biochimiques et hormonaux pour éviter que la concentration en sucre ne baisse en dessous d'un seuil fatidique où le vertige précède la perte de connaissance et l'appel au SAMU.

Chaque cellule du corps reçoit ainsi à tout moment des millions d'informations sur son propre environnement et y répond de façon appropriée et coordonnée avec les autres cellules de nos organes pour assurer notre survie, minute après minute. Une immense usine agile toujours à l'écoute de ce qui se passe pour assurer les meilleures conditions de notre présence au monde au prix de la dépense énergétique la plus faible. Leçon d'auto-organisation et de cohésion à tous les étages que les administrations de nos gouvernements, de nos entreprises et de nos associations feraient bien de prendre en exemple, ne serait-ce qu'en cours du soir à l'Université de la Vie ou via l'inscription à des Moocs sur le site Les Merveilles du Corps.

Les maladies ne sont finalement que des mauvaises gestions de cet assemblage subtil en raison de désordres internes ou d'agressions extérieures soumettant la machine qui nous fait vivre à une pression plus ou moins supportable et à des dérèglements d'importance variable. L'exemple de l'anorexie mentale qui atteint les adolescentes exprime cette véritable intelligence du corps à tout tenter pour protéger les neurones. Ne s'alimentant presque plus, ces jeunes femmes qui représentent 90 % des malades mettent en danger leur cerveau qui ne reçoit plus l'énergie nécessaire, menaçant leur vie (5 % de décès). Pour combattre la réduction des apports nutritifs aux neurones, les organes modifient leur fonctionnement en freinant leur métabolisme. Les artères des extrémités réduisent de calibre pour diminuer les pertes de chaleur et concentrer leur flux vers le cerveau causant un refroidissement des doigts, des orteils et du bout du nez des malades. Une constipation opiniâtre survient en raison de la réduction massive des mouvements intestinaux, gros consommateurs d'énergie au moment de la digestion. Les muscles fondent, la tension artérielle chute, entrainant des malaises. Les cheveux tombent. Une décalcification et une ostéoporose s'ajoutent au tableau. Le cycle menstruel s'interrompt, les règles et l'ovulation disparaissent, car l'organisme se met en veilleuse pour ne pas procréer, pensant qu'il ne pourra pas supporter le surplus d'énergie nécessaire au développement d'un fœtus. On mesure ici l'incroyable capacité du corps à tout tenter pour gérer son homéostasie dans des conditions extrêmes avec un seul but ! Sauver le cerveau ! Lui assurer le maximum d'apport énergétique chez ces jeunes femmes souvent intellectuellement très brillantes. Une telle politique de redistribution de l'énergie provient de la seule intelligence naturelle du corps. Rien de réflexe, pas de hasard, mais une proto-conscience qui gère de façon autonome l'entretient des organes au premier rang desquels l'encéphale.

La fonction de régulation qu'assure l'homéostasie joue aussi un rôle dans la science des systèmes et des automatismes. W. Ross Ashby et Norbert Wiener, pères de la cybernétique, l'ont à leur tour utilisée en mettant au point un *« homéostat »* système composé d'éléments mobiles qui retrouvent leur position de stabilité après avoir été perturbés. L'homéostasie intervient encore dans les théories de la conscience et du sentiment d'unité du Soi. En sociologie, et surtout en politique, les analystes font appel au concept d'homéostasie que l'on peut découper en plusieurs phases : perception des dérèglements de la société, suivie d'une demande de changement espéré, envoi des signaux de transformation au Q.G. de campagne, travail sur le programme avant d'annoncer les promesses. Victoire du candidat, on applaudit à tout rompre ! Malheureusement l'homéostasie politique s'arrête là, au milieu du gué, puisque les promesses ne sont quasiment jamais tenues, le feed-back reste en panne, la boucle ne se referme pas expliquant le déficit de crédibilité et la méfiance envers les responsables qui ont fait croire au Père Noel. À ce petit jeu malsain d'inefficience et de démagogie nos corps biologiques ne résisteraient pas. Heureusement les cellules n'ont jamais revendiqué le moindre droit de vote ni de parole ou même de grève ! Que deviendrais-je si les cellules de Langerhans de mon pancréas, productrices de l'insuline, s'arrêtaient de bosser pour obtenir quinze minutes de repos par jour en trois tranches de cinq ? Ou bien si les neurones de mon cortex frontal gauche voulaient imposer une stricte égalité de traitement entre toutes les autres cellules de mon cerveau au nom d'une idéologie gommant les différences pour se complaire dans une normalisation délétère ? Système ingérable dans la désorganisation massive et couteuse qu'il engendrerait. Ne me croyez surtout pas fasciste, ni anarchiste ou royaliste ! je n'ai besoin ni d'un grand chef autoritaire à casque à pointe, ni de la chienlit au poing levé et encore moins d'une tête couronnée, mais l'égalité dans son idéal démocratique sous le slogan « *un citoyen, une voix* » ne sied pas aux organismes vivants dont les composants sont spécialisés dans un travail donné qu'ils accomplissent avec soin sans raté ou presque ni revendication individuelle. Certains d'entre eux sont vitaux, d'autres subalternes. L'appendice sert plus à faire vivre le chirurgien qu'à me protéger des intrus bactériens. La rate n'est pas indispensable, je peux perdre un rein ou un poumon sans grand dommage. Malheureusement nous ne possédons pas deux cœurs dont un en réserve comme un groupe électrogène prêt à démarrer à la moindre panne du système principal, ni de cerveau de secours planqué quelque part au cas où !

Si l'égalité en droit est juste, permettant au plus petit et au plus faible d'être reconnu à l'égal des plus forts, de tenir son rang, d'avoir droit de cité, d'obtenir les mêmes chances, en revanche l'égalitarisme de fonction est nocif en gommant toutes les règles d'une organisation harmonieuse admettant les particularités pour peu qu'elles servent l'intérêt général. Il y a dans nos démocraties une antinomie flagrante, une tension exacerbée entre la promotion du mérite et celle de l'égalité. Il nous faudra un jour choisir sur lequel de ces deux piliers s'appuyer pour inventer une société plus collaborative dans laquelle chacun puisse espérer trouver sa place selon ses capacités. La nature, elle au moins, respecte les différences pour peu qu'elles conviennent à l'ensemble. On ne voit pas l'estomac se mettre à vouloir imiter le poumon ou le foie se prendre pour la vessie. La reconnaissance et le respect de l'autre dans sa fonction propre sont aujourd'hui laminés par le déferlement de deux contraires : une volonté d'égalitarisme naïf et la place croissante prise par de soi-disant influenceurs et autres youtubeurs autoproclamés « sachant » on n'ose même plus dire savant, mot devenu ringard). On est à la fois tous pareils, mais on écoute quand même pieusement les gourous numériques qui balancent leurs délires dans des posts non assujettis à la critique. On glane des milliers d'opinions sur les réseaux, faisant croire que l'on peut se dire expert en tout, se permettre d'interpeller, de contredire sans aucune légitimité ni expérience. Rien de pire que cette pollution qui dépasse et de loin les risques des perturbateurs endocriniens. Ces perturbateurs numériques devraient être contrôlés de près ! On transmet ses états d'âme, ses manies, ses obsessions sans pudeur. On s'improvise chercheur dans son garage tel David Zayner tentant de grossir ses muscles après une manipulation génétique avec le kit CripsPRcas9, ciseaux moléculaires à couper des brins d'ADN vendu pour quelques centaines de dollars. Allez-y ! Tous savants, c'est simple et rapide, modifiez-vous ! On s'injecte des produits douteux pour tenter d'éradiquer un herpès, le tout posté sur les réseaux pour faire le plus de buzz possible en fascinant des gogos incultes. Monde d'ignares qui dénaturent la science en sautant à pieds joints sur la critique sans l'ombre d'un doute, d'un questionnement sur leurs délires. Malheureusement le fou ne sait jamais qu'il l'est.

Nos corps sont beaucoup plus sérieux. Ils ont compris depuis longtemps que la cohésion était l'arme absolue pour se défendre et proliférer. Le système endocrinien et le système nerveux viscéral sont partenaires pour maintenir l'homéostasie en détectant et corrigeant les anomalies de composition du milieu intérieur : Le système nerveux dit « viscéral » est responsable de nombreuses fonctions involontaires pour lesquelles la conscience est inutile. Il contrôle les muscles lisses qui assurent les contractions intestinales pour malaxer et faire avancer les nutriments au cours de la digestion. Cinq cents millions de neurones situés dans l'intestin entrent en action pour informer le cerveau sur ce que nous avalons. Appelés improprement le deuxième cerveau alors que c'est historiquement le premier, ces neurones apparus il y a des centaines de millions d'années comme nous l'avons déjà dit font secréter la majorité des glandes de la digestion. Quarante millions de neurones peuplent le cœur qui nous le rend bien en modulant sa pompe pour envoyer les globules rouges bourrés d'oxygène aux autres organes. L'intelligence des viscères présente avant celle de l'esprit, renversement hiérarchique qu'on leur doit bien. Qui n'a jamais connu « *la peur au ventre* », « *l'estomac noué* » ou « *le cœur qui bat* » ?

Le système nerveux dit « autonome » contrôle la pression artérielle en modifiant le calibre des vaisseaux sanguins. Il stimule le muscle cardiaque et régule la teneur en oxygène du sang. Il adapte aussi la respiration en jouant sur le calibre des bronches, déclenche la sudation et agit sur certaines glandes endocrines. Ce système homéostatique fonctionne indépendamment de ma volonté, je n'ai pas besoin de m'en occuper. Il adapte mon corps aux circonstances présentes en temps réel sans en référer à ma conscience. Du coup, ces deux systèmes inconscients libèrent de l'espace neuronal dans mon cerveau et réduisent d'autant la dépense d'énergie pour me permettre de réfléchir par exemple au titre de mon bouquin, ou au prochain morceau de musique que je vais apprendre avec ma cornemuse Mc Callum toute neuve made in Scotland.

L'homéostasie est encore la gardienne de l'égal niveau de température, malgré les variations extérieures, que nous constatons chez les êtres vivants appelés homéothermes comme les hommes (37°) et les mammifères. Soixante-quinze pour cent de l'énergie dégagée par la contraction musculaire servent d'abord à produire cette chaleur, alors que seulement 25 % sont dédiés aux mouvements du corps. Voilà pourquoi la première chose que fait l'alpiniste piégé par une tempête hivernale est de frapper les bras sur ses épaules pour récupérer de la chaleur dans ses mains.

La sudation a pour rôle d'abaisser la température par évaporation, il n'est que de voir James Brown sur scène laisser tomber de ses joues des grosses gouttes de sueur sous le feu des projecteurs en pleine interprétation de « *It's a man's, man's, man's world…* ».

L'urine élimine l'excès d'eau et les déchets de la combustion interne sous peine de voir le corps devenir une outre remplie de poisons et gonflée d'œdèmes. Les insuffisants rénaux chroniques en savent quelque chose qui passent plusieurs fois par semaine à la lessiveuse de la dialyse afin de maintenir leur équilibre, leur homéostasie.

Enfin, la soif et la faim nous entrainent à boire et à manger selon les besoins nécessaires pour combler nos déficits nutritionnels.

Ces quelques exemples montrent le travail quotidien de la machine humaine dont le cœur bat environ cent mille fois par jour et près de trois milliards de fois avant de s'arrêter pour de bon.

Mais le corps fait encore mieux : il sécrète et envoie là où il le faut les hormones, ces messagers de nos envies et de nos humeurs qui nous inondent de leurs composés chimiques. La Dopamine est l'hormone de la motivation, de la prise de risque et du plaisir. Elle nous pousse à vouloir gagner, c'est-à-dire à jouer jusqu'à tout perdre. La sérotonine, l'hormone dite du bonheur cher à Michel Houellebecq, est plutôt l'agent chimique qui tempère l'action de la dopamine en réduisant l'agressivité pour favoriser le calme et la quiétude qui nous aident à rester dans un état de félicité radieuse. Toutes deux sont essentiellement secrétées par le tronc cérébral. L'ocytocine est un neurotransmetteur de la confiance, de l'empathie et de l'attachement dans la durée des vieux couples. Ajoutez les hormones thyroïdiennes qui viennent de faire bruyamment parler d'elles, les hormones parathyroïdiennes, celles des glandes surrénales comme l'adrénaline, hormone de la réponse au stress, ou la testostérone produite par les testicules, les œstrogènes et la progestérone ovariennes. Voilà l'Homme : un fameux complexe chimique sujet à des d'innombrables variations immédiates ou retardées pour lui permettre de rester en vie, attentif et informé des agressions qui l'assaillent. Le corps, admirable machine silencieuse capable de capter des milliards d'informations par seconde pour assurer ses tâches dans la précision et la régularité pendant plus de quatre-vingts ans que dure notre vie en moyenne. Qui peut faire mieux ?

Au-delà de leurs aspects purement mécaniques et biologiques, les paramètres sus-décrits sont extrêmement sensibles aux variations de notre état psychologique qui les modifie en temps réel, élargissant la notion d'homéostasie et son champ d'action à tout l'être vivant, pensées et émotions incluses. On rougit de honte ou de colère, on pâlit d'horreur et on rit jaune. On verse une larme d'émotion, on tombe en pâmoison et on frémit de bonheur. L'expression *« cette histoire me donne des boutons »* signifie combien la peau est le reflet de nos états psychologiques que connaissent bien mes collègues dermatologues, encore plus que le cœur dont Aristote pensait qu'il était l'objet de nos passions puisqu'il s'accélère quand nous sommes surpris ou inquiets. Rapport anatomophysiologique erroné que dénonça mon illustre confrère Hippocrate, observateur perspicace qui plaçait déjà les pensées et les émotions dans le cerveau.

Ainsi l'équilibre dans l'agencement des réactions moléculaires nous permet de rester stable dans notre état et dynamique dans notre évolution, à la fois le même individu, mais en perpétuel changement. Quel robot pourra ne serait-ce que copier un tel mode de fonctionnement ? La machine artificielle n'a aucune envie de vivre. Elle ne connait ni le spleen ni la joie, elle n'est pas ! Automate grossier, sans projets, sans rêves, sans amour.

L'émergence, l'homéostasie et la symbiose, mécanismes à la fois les plus puissants et les plus discrets qui nous animent et interviennent en silence pour perpétuer la vie. Combien a-t-il fallu franchir d'étapes surprenantes, vivre des périodes dangereuses, tenter des expériences ratées pour nous amener au stade d'animal culturel apprivoisant la brutalité du monde qui nous entoure ? Les pessimistes diront que tout va mal ; ils insisteront sur le fait que la barbarie rode en permanence prête à détruire ce que nous bâtissons laborieusement au fur et à mesure. Les optimistes dont je suis répondront : faut-il désespérer ? En regardant d'où nous venons, force est de constater un mieux, certes fragile et tout récent, mais réel tel que Steven Pinker le décrit dans *La Part de l'ange qui est en nous.* La cruauté humaine régresse, quelles que soient les exactions, les crimes, les supplices et les horreurs dont se gorgent les médias planétaires pour alimenter leurs petites boutiques de tristes nouvelles. Croix, roues, buchers, guillotines, chambres à gaz ont disparus même si on décapite, égorge, lapide et excise encore dans certaines régions au nom de principes arriérés. « *Nous naissons tous fous, quelques-uns le demeurent* » constate Samuel Beckett.

Finalement, tous les êtres vivants luttent d'abord contre les perturbations et les menaces pour survivre dans un chacun pour soi qui prend parfois des aspects pathétiques. L'Homme n'échappe pas à ce besoin fondamentalement égoïste pour sauver sa peau, mais il devient altruiste dans son regroupement en sociétés qui ne pourraient se développer sans l'acceptation partagée d'échanges matériels, psychologiques et intellectuels. Résultats statistiques des données internationales facilement consultables, la faim régresse comme la mortalité néonatale ; des dizaines de millions de femmes et d'hommes sortent de la grande pauvreté chaque année, les conflits armés baissent en fréquence et en nombre de belligérants. L'Humanité progresse.

## Tous voués à disparaître

Montés sur scène pour jouer une pièce dont l'issue du scénario dépendra en partie de notre sagesse ou de notre déraison, nous voilà responsables de nos comportements même si nous sommes loin de comprendre les mécanismes biologiques intimes qui les engendrent. Nous ne savons pas exactement quelles relations nous entretenons avec les autres éléments de l'Univers ; or toute vie est d'abord partage, échanges, oscillations de mes atomes qui vibrent en phase avec ceux de l'émouvante voix d'alto interprétant le Chant de la Terre de Mahler au Carnegie Hall de New York ou ceux du joueur de Sitar enturbanné exécutant un raga à Bénarès.

Les menaces climatiques issues des modèles statistiques du GIEC au sein duquel les débats sur la réalité et l'imminence des dangers sont vifs avant d'élaborer des synthèses très politiques paraissent des jeux d'enfants à côté de ce qui nous attend plus tard, bien plus tard, indépendamment de la décision d'une réduction de la pollution. Certains spécialistes considèrent aujourd'hui que le réchauffement constaté serait plus dû à une augmentation de la combustion interne du noyau terrestre qu'à l'effet de serre de nos émissions de gaz polluants. Indépendamment de ces possibles causes et quoi que nous fassions, selon les prévisions de mes amis astrophysiciens, les océans se mettront à bouillir, mais plus tard, d'ici cinq cents millions d'années. Leur température dépassera les 100°, rien à voir avec les deux ou trois degrés que les experts veulent nous faire gagner. On est mal, très mal ! Condamnés à tout cramer dans le chaudron océanique. Pire encore, le Soleil devenu une énorme Géante Rouge, balaiera Venus, Mercure, sans doute Mars et notre planète d'ici cinq milliards d'années, signant notre fin, la fin de l'Homme. Seules quelques bactéries ou tardigrades ultra-résistants arriveront-ils peut-être à s'en sortir et encore ? En attendant, c'est une nouvelle période de glaciation qui nous attend. Allez comprendre ! Mais la nouvelle a vraiment de quoi choquer : Nous sommes bien des êtres temporaires ! Oui, nous allons disparaître pour de bon, rayés de l'ordre du vivant. Puisque l'immortalité nous est physiquement refusée, inutile de courir après en cherchant à nous augmenter comme le souhaitent les adeptes du transhumanisme. Augmenter quoi ? Nos performances physiques ? Le coureur cycliste Lance Armstrong s'est vu retirer ses sept victoires du Tour de France et infliger une amende de cinq millions de dollars en règlement d'une plainte fédérale américaine pour dopage. Pendant que les sportifs sont régulièrement contrôlés à coup de prises de sang et d'examens d'urine pour y déceler la présence du moindre microgramme d'anabolisants chimiques, on accepterait de s'intoxiquer aux nouveaux anabolisants numériques ? Folie de démiurges shootés s'inventant des paradis illusoires. À ce petit jeu, on enfreindrait mon intégrité, on attenterait à ma personne dans une intrusion potentiellement coupable de m'asservir. En implantant des puces dans mon cerveau pour calculer plus vite, récupérer de la mémoire et je ne sais quelle autre fadaise, je ne vois pas en quoi mes capacités relationnelles s'en trouveraient améliorées. Elon Musk qui avait pourtant signé en 2015 un vibrant appel avec Bill Gates et Stephen Hawking alertant la Terre entière du risque hégémonique de l'intelligence artificielle, semble aujourd'hui embarqué dans une folle poursuite à la puissance brute. Le créateur de Neuralink, sa société qui veut nous augmenter pour faire le change avec les machines à penser, se trompe en voulant nous barder de puces cérébrales. Il nous mènerait tout droit au désastre, car, devenu l'esclave consentant de ceux qui m'auront connecté à leur réseau ou victime innocente de hackers malveillants, je disparaitrai en tant que personne, transformé en vulgaire jouet cybernétique vivant. M'augmenter ! Expression épouvantable dans sa froideur comptable, sauf quand il s'agit de ma feuille de paie ! Si encore on me proposait plus d'être, si on me permettait plus de créativité et de partage, d'amour et de joie, je pourrais discuter. Mais il ne s'agit pas de mieux être, seulement d'avoir plus de ceci ou de cela, demain transformé en vil étalon génétiquement sélectionné prêt à la saillie lucrative. Quelle soumission, quelles entraves pour quel bonheur en plus ? D'une civilisation répondant au comblement de nos besoins élémentaires pour vivre mieux, nous libérant du fatum et des dogmes, nous sommes passés à un état d'envie puérile. Comme des gosses insatisfaits et jaloux, nous voulons piquer le portable du camarade de classe à la récré. En cela l'humanité n'a malheureusement guère changé, recherchant de viles satisfactions immédiates sans en tirer les conséquences de long terme.

Le pire est que nous ne rêvons même plus. En panne d'un Graal, d'un projet qui nous pousse à nous dépasser individuellement et collectivement, nous vivotons sans héros ni gloire. Le choix existentiel qui nous reste à faire est binaire, terrifiant de simplicité : Soit nous acceptons d'être rayés à terme de la carte du ciel, soit nous filons vers d'autres planètes bien au-delà de celles qui gravitent autour du Soleil espérant échapper au désastre cosmique. Mais dans quelles conditions de vie ? Question que doit se poser toutes ses nuits d'insomnie le même Elon Musk patron de Space X dans sa volonté de coloniser Mars. Erreur, monsieur le tycoon ! Mars est trop proche, juste bonne à une rapide halte, un Airbnb spatial avant d'être engloutie à son tour. Il faudra se tailler beaucoup plus loin, par exemple sur Proxima Centauri B, pour tranquillement bronzer sous les rayons d'Andromède affalés dans de molles chaises longues, un verre de Spritz à la main, écoutant dans nos oreillettes les inoubliables Ella Fitzgerald chanter *Summertime* et Wladimir Rostropovitch interpréter la *suite n° 1 pour violoncelle* de Bach, souvenirs émouvants de notre passé terrien.

Dans toute cette histoire dont l'issue ne vire pas au rose, ce qui m'intéresse n'est pas tant d'exister en regardant les aiguilles de ma montre que de vivre intensément. Peu importe la durée, seule la densité compte ! Voilà pourquoi j'aimerais comprendre comment je suis capable de créer, de penser le bien et le mal, d'aimer et de haïr. Quels mécanismes me font-ils verser des larmes ou me remplir de joie ? La complexité de mes circuits neuronaux répondra le matérialiste. Plus il y aurait de couches de cellules nerveuses dans mon cerveau, meilleure serait ma connexion au monde et plus puissantes mes capacités de calcul et mes possibilités d'action et de réaction. Raisonnement réducteur d'ingénieur ! À l'opposé de cette vision mécaniste, le mystique plaidera pour une référence à une transcendance guidant mes pas. Quels que soient le raisonnement du scientifique, ou la foi du croyant, leurs approches ne m'offrent, chacune à sa manière, que des réponses parcellaires ou partisanes à la question de ma présence sur Terre dont rien ne prédit qu'il sera un jour possible d'en comprendre le sens. Finalement faudrait-il tout connaitre pour vivre heureux ?

## Le Q.I. ce Quotient Inique

J'ai volontairement écrit le mot « aimer » dès les premières lignes de ces pages pour traduire mon refus affirmé d'apprécier l'Homme par le seul niveau de son Quotient Intellectuel, ce Q.I. pâle momie de l'être, sacralisé par les enragés du toujours plus quantitatif. Que valent ces tests d'intelligence mis au point par des hommes blancs, incarnés dans une civilisation qui privilégie l'objet analysable au détriment du sujet insondable ? Ils explorent simplement la puissance de calcul et les capacités de corrélation brutes opposées à l'évaluation de la « *densité d'être* », à laquelle j'aspire, autrement précieuse en ce qu'elle intègre d'innombrables variantes émotionnelles et créatrices. C'est en sortant de soi-même pour s'immerger dans la relation interpersonnelle et le secret des connexions intimes que l'on devient humain, profondément humain, intégralement humain. Quand j'écris « connexions », je ne vise pas les likes ni les cookies de mon smartphone qui commencent à me gonfler, mais la connexion directe, charnelle, entre les êtres qui naissent et meurent, étoiles, roches, océans, plantes, animaux, hommes et femmes proches ou lointains que je regarde, que j'entends, hume, touche et embrasse. Tout est d'abord communications, échanges dans des vibrations impalpables, irréductibles à une quantification normative comme voudrait l'imposer l'évaluation du Quotient Intellectuel, le QI.

Les tests de QI analysent nos capacités psychomotrices en offrant une mesure de l'intelligence générale qui donne une moyenne des fonctions cognitives résumées en un seul chiffre. Les résultats semblent stagner voire légèrement régresser depuis plus d'une vingtaine d'années dans certains pays européens dont la France. L'explication d'un tel effet intègre de multiples facteurs qui alimentent de vives discussions entre les spécialistes du sujet. En fait nous conservons des cerveaux exceptionnels dans le haut du panier, mais nous augmentons le nombre de médiocres ou de nuls selon ces tests dont les résultats varient en fonction de l'environnement proche. Il est sûr qu'à passer son temps sur Instagram, Wechat ou devant des jeux vidéo on chahute ses neurones sans forcément enrichir son esprit. Faut-il pourtant crier au secours, alors que les jeunes asiatiques caracolent en tête des classements, quitte à se suicider après avoir raté leurs examens ! Dois-je admirer la Corée du Sud, véritable enfer expérimental d'une école à broyer les consciences au moyen d'une sélection inhumaine ? Que penser du séquençage de centaines de jeunes Chinois « surdoués » au QI de plus de 130 pour y rechercher le secret d'une intelligence dite supérieure à transmettre aux autres (chinois, bien sûr), comme semble y travailler l'équipe du Beijing Genomic Institute à Shenzhen ? Course absurde au toujours plus. Quand on aura monté le QI des cons à 120, les QI moyens seront à 180 et les supérieurs à 250. Qu'aurons-nous gagné ? Une augmentation du nombre d'individus atteints du syndrome d'Asperger, une forme d'autisme qui se caractérise par des difficultés significatives dans les interactions sociales. Etre super-intelligent ne vous facilite jamais la vie, elle vous handicape plutôt au quotidien. On ne fera que déplacer le problème sans le résoudre.

Ces modes d'évaluation, outre leur perversité narcissique pour les biens classés, sont éminemment dangereux. Ils n'expriment qu'une fraction extraordinairement limitée de nos capacités d'idéation et d'émotion, sans aucune finesse comme John Stuart Mill en fit l'expérience douloureuse en 1826. Le philosophe alors âgé de vingt ans, sujet à une grave dépression liée à un surmenage intellectuel, un « *burn-out* » prit alors ses distances avec les déductions utilitaristes de son maitre à penser Jeremy Bentham et de son père James qu'il jugeait trop sévère et exigeant. Constatant que son éducation stricte avait fait de lui une exceptionnelle machine à penser, il comprit qu'en même temps sa formation l'avait coupé de son moi profond en tarissant toute forme de sensibilité. À la suite de cet épisode pénible qui dura plus de dix-huit mois, il aperçut « *un modeste rayon de soleil qui perça mes ténèbres* » comme il le décrit dans son autobiographie. Dès lors, Mill chercha à systématiquement concilier la rigueur scientifique et logique avec l'expression des émotions. Le calcul et l'empathie ne suivent en effet pas les mêmes chemins, Vivre uniquement de chiffres, de données et de statistiques rend fou. Il suffit de côtoyer certains traders pour s'en apercevoir. Curieux monde fait pour nous anéantir si nous n'y prenions garde, non du fait de sa puissance brutale, mais à cause de sa nuisance perverse…

L'évaluation de la personne sur la seule base des tests de QI pourrait attiser les pires dérives racistes, comme elle a déjà conduit certains pays, non pas de vilaines dictatures, mais de vénérables démocraties, à imposer des politiques eugénistes monstrueuses. Francis Galton, cousin de Charles Darwin, anthropologue, inventeur entre autres de l'utilisation scientifique des empreintes digitales, défendit l'eugénisme comme un moyen de sauver l'humanité de la déchéance. Il lui paraissait tout à fait possible de produire une race humaine surdouée par des mariages judicieux pendant plusieurs générations. Les thèses de Galton eurent une grande influence en France sur Alexis Carrel, prix Nobel 1912 et surtout sur Charles Richet, prix Nobel 1913, qui dans La sélection humaine n'hésite pas à écrire *« lorsqu'il s'agira de la race jaune, et, à plus forte raison, de la race noire, pour conserver, et surtout pour augmenter notre puissance mentale, il faudra pratiquer non plus la sélection individuelle comme avec nos frères les blancs, mais la sélection spécifique, en écartant résolument tout mélange avec les races inférieures. Il faut ainsi qu'une autorité conduise l'élimination des races inférieures puis celle des anormaux. »* Qui aujourd'hui oserait publier des propos aussi ignobles qu'infondés ? Certains malheureusement y adhèrent encore, plus nombreux que l'on ose l'imaginer, menaçant de mort la journaliste Zineb El Rhazoui pour ses propos courageux sur l'Islamisme radical ou le député du Val de Marne Jean Francois M'baye parce qu'il a la peau noire. La bête immonde n'est pas morte, elle ressuscite et remue sa vilaine queue de plus en plus fort !

Les États-Unis et la Suède entreprirent au vingtième siècle des politiques eugénistes obligeant des milliers d'hommes et de femmes à la stérilisation si leurs conditions les faisaient apparaitre comme inférieurs (alcooliques, schizophrènes, retardés mentaux et autres). Au Canada l'État d'Alberta vota en 1928 le *Sterilization Act* autorisant la castration des « *faibles d'esprit* » pour ne pas dégrader le niveau de la descendance. La prochaine vague d'ostracisme sera-t-elle celle concernant les inutiles de l'économie numérique ? Allons-nous accepter cet anti-humanisme primaire refusant la faiblesse, pourchassant le défaut, méconnaissant nos tares ? Oserions-nous cautionner ce nouveau génocide silencieux pas loin des plus massifs et cruels qui entachèrent d'une manière atroce le siècle précédent. Si oui, ne parlons plus de civilisation.

Croire qu'il faut que cela tombe juste, sans virgule ni approximation ou erreur amènerait à une sélection discriminante reposant sur des données parcellaires. Ce n'est pas au travers des petits bouts de logique qui le saucissonnent en tranches insipides dans une réduction très occidentale, moulée à la louche cartésienne que nous arriverons à cerner l'Homme dans sa plénitude. Mon front marqué au fer rouge du chiffre de mon Q.I. signifierait *de facto* l'existence du plus abjecte des tribunaux à remiser le Jugement Dernier dans la catégorie des jeux d'enfants. J'imagine la scène de la célébration du Dieu Intelligence, le front ceint de mille capteurs cérébraux invitant, magnanime, les QI de plus de 130 à siéger à sa droite dans l'éclat scintillant des processeurs de silicium, tout en intimant aux QI de 70 l'ordre de rester à genoux à sa gauche dans l'ombre de la bêtise la plus crasse !

L'intelligence humaine dans sa multiplicité émotionnelle, opérationnelle et spirituelle est incommensurablement supérieure aux capacités de calculs des machines, mêmes auto-apprenantes en ce sens qu'elle peut prendre une bonne décision à partir d'un nombre extrêmement faible de données disparates et imprécises en comparaison des ordinateurs. La mise sous tutelle numérique de l'Homme, dominé par les mégabits dans un scénario grandiose n'est donc pas pour demain ni après-demain, n'en déplaise aux aboyeurs et autres cassandres qui passent leur temps à nous annoncer la pire des catastrophes. Interrogeant les chercheurs et les ingénieurs qui travaillent concrètement sur le sujet, je constate qu'ils sont à mille lieues de ces visions d'Apocalypse digital.

Si l'économie de l'immatériel fait planer sur l'humanité le risque d'un hypothétique esclavage aux chaines invisibles dans un appauvrissement cérébral par défaut d'utilisation de nos circuits neuronaux, elle nous libère aussi d'un nombre incalculable de tâches et nous offre l'accès à une multitude d'informations, comme jamais l'Homme n'en eut la possibilité auparavant. L'Intelligence artificielle bouscule sans ménagement tous les métiers, tous les rapports humains au travail, comme dans la vie personnelle et sociale, mais notre relation aux éléments de l'Univers est autrement plus complexe, plus riche de connexions innombrables et imprévisibles que celles du plus puissant des calculateurs existants ou à venir.

## Mieux vivre ?

Les interrogations, ces expressions confuses de nos angoisses qui hantaient déjà les sages antiques, nous taraudent tout autant aujourd'hui, mais parlant de l'Homme avec un grand H, ne faisons-nous pas une erreur magistrale en évoquant l'universalité de notre rapport au monde ? Nous ne pensons pas les évènements qui nous affectent, nous ne concevons pas notre destin selon les mêmes schémas socio-culturels à San Francisco, Paris, Shangaï, Dakar où Calcutta. L'incroyable diversité humaine, de la couleur de peau aux langues, aux pensées, traditions, techniques et autres arts, témoigne des innombrables mutations qui au fil de l'Évolution forgèrent des individus aussi différents que le grand Peul mauritanien marchant sous le Soleil dans le désert, le petit inuit groenlandais debout à l'arrière de son traineau, l'ingénieur codeur de Mountain View assis devant son ordinateur, l'accordéoniste chantant Bruand Place du Tertre ou le pécheur dans sa barque pagayant sur le Fleuve Jaune. Il en fallut des errements dans le labyrinthe de la vie pour arriver à ces *Sapiens* aussi différents. Combien de fois avons-nous failli sombrer, emportés par des cataclysmes naturels ou orchestrés par nos propres folies ? Nous retrouver à sept milliards et demi de bipèdes querelleurs mus par la seule volonté individuelle d'exister tout en nous serrant la main tient-il du miracle ou de l'organisation intelligente d'un univers qui reste coi ?

Malgré de nombreux gènes semblables, nos différences avec les grands singes sont incalculables, preuve supplémentaire que le génome ne résume pas l'ordonnancement des fonctions qui façonnent nos êtres. En effet seules quelques petites variations génétiques nous séparent des chimpanzés qui possèdent 98 % de notre génome et, plus étrange encore 90 % de nos gènes codent aussi pour la souris, 70 % pour l'oursin et 35 % pour la jonquille ! Je possède donc une partie notable du capital génétique d'un cousin qui bondit d'arbre en arbre, d'un petit animal blanc à longue queue rose, d'une boule noire ou brune à piquants et d'une jolie fleur jaune ! Nous existons grâce à ce mélange subtil de la stabilité primaire du génome tout en devenant autres dans la dynamique impressionnante de l'épigénome et des interactions biochimiques innombrables qui agitent nos cellules et nos organes en les transformant pour assurer notre survie. Entre les races humaines, il n'existe qu'au plus 0,1 % de variations du génome alors que nous sommes physiquement très différents, issus de familles européennes, asiatiques, indiennes, arabes, africaines ou américaines. On retrouve à l'œuvre, fidèles au poste, Homéostasie et Symbiose, encore et toujours au boulot veillant sur nous comme Avanie et

Framboise, les mamelles du destin chères à Bobby Lapointe.

Faut-il que la Nature ait acquis un tel degré de précision en utilisant des circuits biologiques autant descendants qu'ascendants et transversaux qui s'enchevêtrent dans des systèmes communiquants de complexité variée pour que deux petits pourcents de différence dans nos génomes m'éloignent à ce point du singe, lui qui vit dans les arbres en croquant des noix, pendant je m'acharne à comprendre qui je suis ! Peut-être le chimpanzé a-t-il raison ? Moins de stress, de désillusions et de regrets. Aucune violence gratuite chez l'animal. Friedrich Nietzsche n'estimait-il pas que les singes étaient bien trop bons pour que l'homme descende d'eux, fustigeant la méchanceté gratuite qui nous colle à la peau, marque indélébile de notre liberté d'agir.

Outre la parole et l'écriture, expressions sonores et visibles de nos pensées muettes, *Homo Sapiens* diffère du singe par de multiples fonctions : D'abord une bipédie permanente acquise à la suite de modifications du squelette et des muscles chez nos ancêtres qui colonisèrent les milieux naturels aux espaces dégagés. Puis l'ardente volonté de ne pas rester tel quel à s'épouiller sur un rocher, combinée à la soif de comprendre son environnement dans l'objectif de le dominer. Que je sache, les singes n'ont jamais construit des forts à la Vauban pour se protéger, ni fabriqué des fusils pour chasser ou des violons pour jouer *Ochi Chernyié*. Autre différence : L'Homme est un animal destiné à conquérir les espaces inconnus, à oser sortir de son territoire sans y être obligé. Si ses ancêtres ont quitté les eaux pour la terre ferme, lui s'est répandu sur la totalité de la planète du Sud au Nord et d'ouest en est, bravant des climats hostiles, embarquant sur des radeaux de fortune pour aller loin, toujours plus loin, à la recherche de lui-même espérant se comprendre dans une quête migratoire insensée jusqu'à l'Ile de Pâques, perdue au milieu de l'océan Pacifique.

À ces avantages que sont la station debout, la technique et l'exploration, se greffe la spécificité sans aucun doute la plus humaine : le don de soi librement consenti au nom d'un idéal. L'Homme ose mettre sa vie en péril en toute conscience de ses actes lorsque des circonstances particulières menacent sa liberté ou celle d'un autre, ou encore lorsqu'une situation particulière ne lui apparait pas digne d'être vécue. La liste est longue de ces héros, souvent discrets, qui sacrifièrent leur vie au nom d'une cause supérieure, ce dont est incapable un singe et ce que ne fera jamais un robot, humanoïde soit-il.

Mu par des comportements forgés sur des valeurs immatérielles partagées l'homme se présente comme un être éminemment social qui dès le plus jeune âge peut donner gratuitement sans chercher à recevoir une récompense. Michael Tomasello l'a parfaitement montré dans son livre *Pourquoi nous coopérons* ? Au travers de ses expériences d'études comparées du comportement chez les singes et les petits d'homme : Le singe garde l'objet qu'on lui offre, l'enfant spontanément avant tout apprentissage a tendance à vous rendre l'objet qu'il a reçu. L'Homme est un donc animal naturellement penché sur le don dans un comportement éthique qui dans la grande majorité des cas respecte les règles implicites de collaboration. Il a acquis peu à peu cette conscience de vivre en communauté qui oblige au respect de l'autre. Lorsqu'il déroge, emporté par une folie meurtrière personnelle ou collective, comme le vécurent ceux qui subirent les horreurs de l'Histoire, la communauté est capable de s'élever pour dire Non, plus jamais ! Aujourd'hui, elle le tente au travers de ses instances internationales, sans doute lentes et lourdes, soumises à des pressions géopolitiques contradictoires, en promouvant un ordre mondial qui interroge les dérives des dictatures bafouant la dignité et la liberté humaines. Elle condamne les déviants dans ses tribunaux espérant limiter les conséquences le plus néfastes de leurs actes ignobles.

L'ultime qualité qui nous est octroyée consiste en la capacité à nous projeter dans un avenir dont nous modelons, cahincaha, les contours espérant parvenir aux conditions d'une vie moins rude, moins brutale, tant dans notre environnement que dans nos rapports interpersonnels. Dans le fouillis de leurs revendications éparses les Gilets Jaunes traduisent cette capacité de remise en question d'un ordre qui ne répond plus aux aspirations des peuples. Leurs manifestations nous rappellent que nous sommes fondamentalement des individus dont l'équilibre biologique repose sur une dynamique alliant nos références au passé à nos projections vers l'avenir, quitte a se révolter, se mettre en péril alors que l'animal, lui, évolue au présent subissant une sélection naturelle qu'il ne maitrise pas. Il vit sans se préoccuper de son avenir, ne pouvant bouleverser lui-même le cours des choses. Il ignore les outils ni ne cherche à conquérir l'espace, à construire un accélérateur de particules, un fer à repasser ou un musée. Si les plus doués des animaux ont acquis un savoir-faire, ils ne surent pas en tirer plus de bénéfices. Aucun d'entre eux n'a constitué une corporation industrieuse, créant des magasins où chacun commande des marchandises depuis chez soi en payant son dû par carte bancaire avant de les retirer au drive ou de se faire livrer à domicile, un dimanche à 22h30. L'animal, aussi chaleureux, attachant, sensible et intelligent soit-il reste statique. Il vit dans l'immédiat se rappelant un certain passé alors que l'Homme invente sans cesse son avenir dans une poursuite permanente au bien-être personnel et commun.

## Chemins divergents

Si par vivre, j'entends naitre, grandir, se nourrir, se déplacer et vieillir avant de mourir, alors rien de nouveau sous le soleil ! Nous engrangeons des années de vie en plus en réduisant le taux de mortalité précoce grâce aux progrès de la prévention, de l'hygiène au quotidien, de la sécurité des accouchements, de la baisse des accidents mortels au travail, de la qualité des soins et de la réduction des conflits armés. Génétiquement programmés pour durer environ cent quinze ans il nous reste arithmétiquement un peu de marge à gagner ! Quelle ambiguïté se niche-t-elle dans l'expression « mieux vivre » ? Un peu plus sans doute, mais de quoi ? De capacités individuelles ? De richesse ? D'égalité sociale ? De paix ? D'amour ? D'un peu de tout à la fois peut-être ! Or deux mondes s'opposent à penser notre présence sur Terre, deux univers aux approches issues de traditions différentes : D'un côté on nous vante une augmentation de nos capacités physiques et cognitives à l'aide de l'intelligence artificielle, de la robotique et des triturations génomiques en tous genres ; de l'autre on recherche la permanence dans le détachement du réel, la dissolution de l'être dans le Nirvana, extinction de tous les désirs libérant les hommes de l'illusion, la Mya, et de l'ignorance, l'Avidya. Les premiers veulent imiter le réel avec du virtuel, les seconds veulent s'abstraire du réel pour se fondre dans le virtuel. Cheminement inverse de deux voies extrêmes dont l'éventail des choix possibles est trop large pour définir une ligne de conduite unique.

L'homme occidental cherche inlassablement à peser sur les éléments comme sur les évènements naturels, cultivateur, éleveur, défricheur inassouvi d'espaces vierges, bâtisseur de cathédrales, jongleur de génome, fabricant d'ordinateurs et lanceur de fusées pour finir en destructeur des mondes qui n'a rien à devoir à Shiva, le semeur de morts. Il est un insatiable Conquistador mu par la soif de plier son environnement à son vouloir. La science basée sur le raisonnement, l'expérimentation et la preuve lui servent d'outils pour satisfaire le besoin de comprendre le monde dans l'optique de le dompter. Déjà Pythagore dans Fragments professait que « *Le nombre est le principe et la source de toute chose* », percevant l'Univers comme étant gouverné par des lois qui expliquent son organisation. Grâce à la perspicacité des philosophes et des savants e l'antiquité l'Homme occidental comprit il y a belle lurette que l'espace était fait de régularités comme le mouvement des astres ou celui des marées, constantes qui avaient leurs raisons d'être dont il s'ingénia à percer les mécanismes. Mais si « *La raison est la seule chose qui nous rend hommes* » comme le martèle Descartes, le diagnostic n'est-il pas un peu rapide, cher Maître ? La raison n'est en fait qu'un mode d'approche d'une réalité fluctuante que d'autres voies perçoivent différemment au travers de flux d'informations et de connexions irréductibles à une mise en équation mathématique dans un environnement logique. Ce n'est pas parce que je pense que je suis, c'est parce que je ressens que je deviens. Les sentiments nés de nos sensations remodelées par le cerveau sont bien à l'origine de nos pensées les plus abstraites et *« nos esprits, nos cultures ont emprunté au passé, sans gêne ni remords.* » souligne Antonio Damasio dans *L'Ordre étrange des choses* en pointant le rôle clef de la mémoire. Le neuropsychologue américain explique comment les sensations les plus primaires furent à l'origine du développement des êtres vivants, de la culture, des cultures, car depuis l'apparition de nos ancêtres les bactéries, proto-mémoire et proto-conscience furent à l'œuvre amenant jusqu'aux réflexions les plus élaborées, les plus symboliques des *Homo Sapiens sapiens* que nous sommes devenus, l'Homme sachant qu'il sait. Les bactéries sont donc les mères des idéaux et des valeurs qui nous animent jusqu'aux concepts et modes d'expression les plus élaborés permettant à Damasio de conclure : « *Les humains voulaient trouver le remède aux tourments de leur cœur ; réconcilier les contradictions générées par la souffrance, la peur, la colère et la poursuite du bien-être. Ils se sont donc mis en quête de source d'émerveillement et de sensations fortes. Ils ont découvert la musique, la danse, la peinture et la littérature. Ils ont poursuivi leurs efforts en élaborant les tumultueuses épopées que sont les croyances religieuses, les questionnements philosophiques, la gouvernance politique –et bien d'autres inventions encore. C'est ainsi que notre esprit créateur de culture s'est perpétuellement adapté à la dramaturgie humaine, de la naissance jusqu'à la mort.* »

## Un pourcent de conscience

Dans la quasi-totalité de sa présence au monde l'homme s'apparente effectivement à une machine comme nous l'avons déjà évoqué. Admirable agencement d'organes aux fonctions multiples qu'il mobilise pour agir sans qu'il n'en ait toujours conscience, l'Homme est d'abord une mécanique autonome avant de devenir en grandissant un être libre de ses choix. Deux médecins l'avaient pressenti : L'anatomiste Anversois Andreas Vésale dans *De Humani Corporis Fabrica* paru en 1543 décrivit le corps humain avec une précision jusque-là inégalée dans des planches admirables de réalisme dessinées par des élèves de Titien. Il évoqua la fabrique humaine dans le sens d'une usine vivante et Julien Offray de La Mettrie dans *L'Homme machine* édité deux siècles plus tard en 1748, conclut que les phénomènes psychiques n'étaient que les effets des changements organiques du cerveau et du système nerveux. Descartes lui-même dans son *Discours de la Méthode* évoque en 1637 les « *animaux-machines* » envisageant que des automates pourraient à l'avenir devenir indifférenciables de nos amis à quatre pattes, ce en quoi il a fondamentalement tort. Dans *Le traité de l'Homme,* il décrit le corps humain et toutes ses fonctions « *tant celles qui ne dépendent pas de l'âme que celles qui en dépendent* » sans pouvoir se débarrasser de son dualisme. Un peu plus tard en 1744 le mécanicien Jacques Vaucanson construira différentes machines animées comme le *Flûteur automate* et surtout un *canard digérateur* qui mange, digère, cancane et barbote dans l'eau, structure de bois et de métal avec ses pignons, ses cylindres, ses tuyaux, poulies et autres ingénieux mécanismes pour assurer ses fonctions artificielles, avaler, digérer, déféquer, nager ; un jouet autrement plus malin que Bebo le robot.

Les actions humaines sont effectivement le plus souvent mécaniques et la plupart du temps automatiques, réflexes ou programmées, orchestrées par un merveilleux super-ordinateur semblable à nul pareil, faisant jouer ensemble les sens et le cerveau dans des combinaisons d'actions et de rétroactions incessantes, indépendantes de notre état de conscience. Très concrètement, je ne donne pas d'ordres à mes doigts pour taper le texte de ce livre sur un clavier ou pour jouer *La Foule* avec mon accordéon. L'analyse de l'action à entreprendre, la réalisation même des gestes à effectuer n'est fort heureusement pas pensée ! Elle se trouve contenue dans d'innombrables zones de travail mémorisées prêtes à s'activer à bon escient au moment où il faut sans faire de bruit. Mieux, cette gestuelle est calibrée pour assurer son rôle. Sans un tel système j'encombrerais mon esprit de mille choses à faire, œil par œil, oreille par oreille, muscle par muscle, nerf par nerf, tendon par tendon pour écrire ne serait-ce qu'une lettre de l'alphabet. Produire un seul son en le modulant avec ma langue et ses dix-sept muscles, des stylo-hyoïdiens aux génio-glosses, est impossible à ordonner et à contrôler consciemment en même temps. Les mimiques de mon faciès qui varient selon mon humeur mobilisent des dizaines d'autres muscles que je ne commande pas non plus consciemment. Mes grands et petits zygomatiques lorsque je dis « *cheese* » pour immortaliser mon sourire béat sur un selfie grotesque obéissent à mon cerveau sans que je m'en préoccupe. Quelle énergie et quel temps perdus s'il fallait penser à mettre en branle tous ces composants anatomiques pour séduire ou effectuer toute autre action. Autre exemple : Quand je conduis ma voiture en arrivant à un rond-point ma main gauche agit sur le volant en donnant juste l'impulsion nécessaire pour prendre le virage pendant que ma main droite empaume le changement de vitesse sans que je lui jette un œil en même temps que mon pied gauche appuie sur la pédale d'embrayage et le droit sur celle du frein. Système admirable de coordination neuronale faisant intervenir notamment nos mémoires de travail, procédurale et d'épisodes, le tout sans y penser, continuant à discuter avec mon passager de la pluie et du beau temps tout en regardant à droite si un véhicule ne se pointe pas au carrefour. Au piano, mes doigts travaillent tous seuls mus par ma mémoire. Je les entraine pour leur donner la flexibilité, l'agilité nécessaire à l'accomplissement de la tâche que je dois accomplir, mémorisant en même temps la suite des notes à égrener pour interpréter la partition écrite. La preuve la plus évidente de ces mécanismes inconscients est la fausse note : Si je tente de reprendre le morceau juste à l'endroit où mes doigts ont failli en tapant à côté, impossible de repartir en corrigeant ladite note. Je reste bloqué sur l'erreur et la répète immanquablement. Je n'ai alors que deux solutions : soit reprendre le morceau plus en amont pour dérouler à nouveau la séquence sans me tromper, soit continuer, avancer oubliant la dissonance, technique la plus efficace qu'enseignent par expérience les professeurs de musique en regardant l'élève droit dans les yeux pour lui dire de ne jamais, au grand jamais, s'arrêter de jouer.

Si mes doigts fonctionnent grâce à mes cartes de travail, je gère en toute conscience le tempo et ses retards infimes qui font la vraie musique, je module aussi leur impact sur l'instrument selon la puissance que je veux donner aux notes. Mes mains agissent selon l'émotion que je ressens et que je veux traduire sans que je me prenne la tête dans des calculs savants pour y parvenir en sélectionnant le nombre de grammes de pression au centimètre carré par seconde sur les touches. Pianissimo n'est pas Forte, Rubato n'est pas Staccato. En pensant à l'une ou l'autre de ces indications d'expression, mes doigts effleurent les notes d'ivoire et d'ébène du clavier de mon vieux piano Bechstein sans que j'évalue objectivement les données physiques d'impact à transmettre à leur pulpe. Je peux aussi improviser, comme en Jazz, partir dans un solo d'une folle succession de notes qui me viennent comme ça, laissant mes sentiments s'exprimer librement tout en restant connecté au moule orchestral, à la grille de la musique. Ce qui se passe dans ma tête est donc transmis à mes mains sans que je fasse l'effort de calculer les forces qui génèrent les sons produits. Le plus admirable est qu'en utilisant un objet fait de matière, du bois et du métal tel le piano, je produis des sons qui m'entrainent vers l'immatérialité de la joie, de la tristesse, de la rage ou de la tendresse. La musique exprime ainsi au plus profond de nos êtres la fusion qui s'opère entre l'immatériel de la composition, le matériel de la production du son par l'instrument et l'interprète, lui-même mu par son émotion qui génère un jeu spécifique non exactement reproductible à l'identique d'un jour à l'autre.

Allons plus loin : mes pensées elles-mêmes émergent le plus souvent sans effort de ma part. Elles sortent de mon cerveau, incongrues, à des moments inattendus et il me faut les retenir vite avant qu'elles ne s'évanouissent dans l'oubli. Voilà pourquoi je les note immédiatement sur le bloc-notes de mon smartphone. Henri Poincaré, décrivit parfaitement ce phénomène étrange qu'il ressentit en descendant de l'autobus à Coutance, moment improbable où une idée mathématique lumineuse à propos de la théorie des équations différentielles lui traversa l'esprit sans aucun effort. Il ne lui restait plus qu'à l'attraper dans le filet aux mailles serrées de ses circuits neuronaux pour l'encoder dans sa mémoire.

Finalement tout au plus quelques éclairs de conscience, ce mode secret de regard intérieur sur soi, me permettent de temps à autre de défier un ordre universel qui ne se préoccupe même pas de me voir naître, grandir, vieillir et mourir, insensible qu'il est à mon égard, poursuivant sa course folle vers un destin que j'ignore. On peut considérer que la part consciente de ma vie en additionnant toutes les activités de mon corps, esprit compris tourne autour de 1 %. Franchement, c'est peu ! Tout le reste de ma présence au monde découle d'ordres engrangés dans mon code génétique pour faire fonctionner ma propre machine dont les actions sont modifiées par des transformations épigénétiques de mon environnement auxquelles s'ajoutent mes expériences mémorisées tout au long de ma vie. La mémoire me fait vivre au présent ; elle m'aide à me défendre en me rappelant des faits positifs ou négatifs, mais ce présent est un leurre, car le traitement des informations que je reçois prenant un certain temps, je reconstruis en permanence le monde à partir des données accumulées dans mon cerveau depuis quelques centaines de millièmes de seconde jusqu'à des milliards d'années via mes marques génétiques. Je m'invente sans cesse.

Si nous sommes capables de nous projeter dans l'avenir, explorateurs insatiables des lendemains incertains, c'est grâce à nos expériences passées accumulées et entretenues dans cette entreprise biologique aux capacités inouïes que forment ensemble les sens et le cerveau, indissociables compagnons qui n'existent et ne travaillent que par l'autre et pour l'autre réciproquement. Système exceptionnel de cohésion sujet à d'innombrables connexions aux circuits indéchiffrables dans des allers et retours saisissants à faire pâlir l'ordinateur le plus puissant au monde l'américain Summit avec ses deux cents pétaflops (200 millions de milliards d'opérations par seconde).

Ainsi nous nous refaisons sans cesse, êtres de chair puisant les cartographies de mémoires issues de nos expériences qui recomposent sans cesse notre monde intérieur comme notre univers environnant dont les images reviennent parfois dans nos rêves. « *Avec nos pensées, nous créons le monde* » aimait répéter Bouddha. La séparation entre univers réel et monde virtuel s'avère donc un malheureux tour de passe-passe décrété par une rationalité occidentale qui dénature la globalité de notre vécu. La virtu-réalité permanente qui nous fait réagir et anticiper en se référant à notre passé le plus immédiat comme le plus lointain n'a pas attendu les expériences de réalité virtuelle dont on nous rebat les oreilles à longueur de démonstrations au CES de Las Vegas, vantant nos start-ups françaises dont malheureusement aucune n'est à ce jour devenue un géant mondial !

Comme déjà abordé plus avant, le « présent » est en fait une recomposition de sensations passées puisque l'espace et le temps nous empêchent de vivre dans le réel en raison du décalage lié au transfert des signaux et au traitement des informations par le cerveau ; retard dû à la distance qui sépare le créateur du signal de celui qui le reçoit scandé par nos chronomètres. Je vois la Lune et le Soleil une et huit minutes en retard, le temps que les photons traversent l'espace. Même constat pour les ondes sonores de l'orchestre qui me parviennent au fond de la salle quelques millièmes de seconde après que la note fût jouée. Le présent n'existe pas, c'est une invention de notre part comme le sont les couleurs. Nous sommes toujours à la bourre ! Tout est artifice et reconstruction par notre encéphale qui crée des images faites d'éléments passés pour nous projeter dans l'avenir. Le cerveau intègre les messages pour les reproduire à sa manière envers laquelle nous ne pouvons rien faire. Chaque microseconde je me compose sous la pression des informations que mes neurones reçoivent et triturent pour me donner l'impression d'une réalité au temps T qui n'est qu'une projection de mes influx d'où l'importance capitale d'une mémoire efficace dans le tri de nos sensations. L'esprit et le corps séparés, voyons, cher René Descartes, vous plaisantez ! La conscience se nourrît du corps dans ces allers et retours incessants qui nous font exister en tant que personne humaine, irréductible à une dualité de l'être. Mais comment s'y prend-elle ?

# Chapitre 4

## Conscient, mais comment ?

Ce n'est pas la conscience des hommes qui détermine leur existence, c'est au contraire leur existence sociale qui détermine leur conscience.
Karl Marx, *Critique de l'économie politique*

Nul ne peut fournir une date, un lieu, une situation propice à la question de savoir pourquoi, quand et comment nous avons pris conscience de nous-mêmes. Aucune baguette magique ne nous transforma un jour en être vivants capables de nous introspecter, mais de multiples facteurs participèrent à l'émergence de nos capacités réflexives au cours d'une maturation de nos connexions neuronales faisant éclore une pensée de plus en plus affinée : Mélange subtil de considérations géographiques, climatiques, anatomiques, physiologiques, alimentaires, démographiques, sociétales et culturelles, imbriquées dans le temps long de l'Évolution sur un vaste espace planétaire sans traces suffisantes pour certifier un constat définitif. Témoins d'une conscience d'action pour transformer le monde, des outils vieux de deux millions d'années ont été retrouvés à Shanghen en Chine prouvant le haut niveau d'analyse des groupes d'hominidés de l'époque, car on crée des outils quand on sait ce que l'on veut en faire.

Être conscient de soi commence par se voir soi-même comme les enfants qui dès l'âge de dix-huit mois et certains animaux se reconnaissent devant un miroir : Les chimpanzés, les bonobos, les orangs-outans passent facilement le test de Gallup en ce qu'ils repèrent avec leur doigt la marque de couleur située sur leur front en se mirant dans la glace. Les éléphants d'Asie, les dauphins et les perroquets gris du Gabon sont aussi doués, alors que nos chats et nos chiens restent plutôt indifférents, sans doute parce qu'ils privilégient l'odorat à la vue pour se repérer. Ce test rudimentaire ne permet toutefois pas d'analyser le réel degré de conscience de soi, état qu'il est finalement bien difficile de définir tant dans ses composantes que dans ses degrés. En effet certains malades comateux maintiennent une relation au monde insoupçonnée, difficile à décrypter traduisant l'incertitude et les a priori de la médecine dans ce domaine encore mal exploré. De récentes études en imagerie par résonance magnétique (IRM) dynamique montrent des éléments de réaction à des stades de coma que l'on considérait auparavant comme profond et irrécupérable, rendant poreuse la frontière entre vigilance et sommeil. En dehors des ronflements de nos nuits ou de nos absences sous anesthésie, la conscience, état variable dans son intensité et sa durée, se modifie lors de notre état de fatigue, d'occasions rituelles, de danses, de transes ou par usage de substances psychoactives comme la cocaïne qui donne confiance en soi, favorisant un sentiment d'invincibilité et de beauté avant de retomber sur terre, en miettes.

Définir la conscience tient donc de la gageure : conscience de soi, mais jusqu'à quel point ? Conscience des autres, de son environnement, du danger, de sa force ou de sa faiblesse, du beau et du laid, du bien et du mal… On pourrait multiplier à l'infini les domaines que recouvre l'état de conscience et les dictionnaires s'y perdent :

« *Connaissance intuitive ou réflexive immédiate que chacun a de son existence et de celle du monde extérieur* » ou encore « *Fonction de synthèse qui permet à un sujet d'analyser son expérience actuelle en fonction de la structure de sa personnalité et de se projeter dans l'avenir* » peut-on lire comme définitions aussi variées qu'imprécises de la conscience dans ces gros livres abandonnés sur les rayons poussiéreux des bibliothèques quand Google nous les offre en deux clics à domicile.

René Descartes dans son *Discours de la Méthode* explique l'état de conscience en instillant la notion de doute. Premier acte : Le philosophe affirme qu'aucune vérité ne peut être trouvée en doutant, car si je doute, c'est que je ne sais pas et ne sachant pas, je ne peux détenir la vérité. Rien à redire à cette affirmation. Deuxième acte : Ce qui échappe au doute est donc une certitude. Si je sais, j'efface le doute et découvre la vérité. Point de vue déjà plus tordu, car il n'y a pas de vérité éternelle, mais je prends la donne. Troisième acte : Pour douter, il faut bien quelqu'un, un sujet, un « *je* » qui ait la capacité de poser la question, c'est-à-dire penser. Conclusion : Si je pense, c'est donc que je suis. Et voilà le *cogito ergo sum* sorti tout droit du cerveau de l'ami de la reine Christine : le sujet qui pense est conscient de lui-même, mais surtout il est pleinement conscient qu'il a une conscience. Conscience au carré, en somme !

Pour Descartes la vérité reposerait sur la connaissance, elle-même issue de la conscience que nous avons du monde, des choses, des êtres et de soi ce qui signifie qu'elle varie selon le degré d'accumulation des données moulinées par la raison qui les classe. La vérité semble donc fragile, instable, mouvante, dépendante de nous-mêmes et de nos perceptions : Rupture décisive d'avec la philosophie platonicienne qui la fondait comme extérieure, préexistante à l'homme, transcendante, immuable, belle et pure, mais désincarnée. Pour Platon, les idées ne doivent pas se mélanger à la pourriture du corps. Dans un texte célèbre, le philosophe met en scène Socrate qui s'adresse à Phédon en ces termes *« Tant que nous aurons notre corps et que notre âme sera embourbée dans cette corruption, jamais nous ne posséderons l'objet de nos désirs, c'est-à-dire la vérité. Car le corps nous remplit d'amours, de désirs, de craintes, de mille imaginations et de toutes sortes de sottises, de manière qu'il n'y a rien de plus vrai que ce qu'on dit ordinairement : que le corps ne nous mène jamais à la sagesse. Car qui fait naître les guerres, les séditions et les combats ? Ce n'est que le corps avec toutes ses passions. Il est donc démontré que si nous voulons savoir véritablement quelque chose, il faut que nous abandonnions le corps et que l'âme seule examine les objets qu'elle veut connaître... »* La charge est cinglante et sans concession, pointant directement du doigt le corps vécu comme un objet de perturbation dont il faut absolument se débarrasser. Mais, cher Platon, à quoi ressemblerait un cerveau isolé ? À rien, oh si, pardon ! À une masse molle de mille quatre cents grammes, dont 70 % d'eau, 20 % de graisses... plus quelques protéines. Pas de quoi faire le malin ! Vous faites erreur, monsieur le penseur. Les idées ne proviennent pas du haut du ciel, elles ne sont pas ailleurs, planquées dans un monde immatériel éternel, mirifique et sans taches, entourées de nymphettes qui les cajolent en leur faisant les yeux doux. Non ! non ! Platon, vous vous trompez, et lourdement. Les idées sortent de terre, comme la sève nourrit l'arbre jusqu'à son faîte. Elles proviennent de la matière, de la glèbe épaisse et brune qui colle à mes bottes et n'émergent que grâce aux informations que mes sens transmettent à mes neurones. Elles n'existent pas d'elles-mêmes, petites bulles qui s'envoleraient au gré du vent pour se retrouver dans une noosphère où elles échangeraient leurs points de vue en sirotant des mojitos bien frais au « rendez-vous des élucubrations », le bar branché du ciel des intellos. Les idées sont incarnées, nées de la chair et du sang. Elles ne tombent pas de là-haut comme le Père Noel, mais proviennent de nos atomes agglomérés en molécules, eux-mêmes nés des étoiles comme notre planète. Nous les construisons avec nos cerveaux malaxant les données de nos sens, souvent sans même faire d'effort, avant que la majorité d'entre elles se dissolve rapidement dans le temps. Elles nous appartiennent en propre et ne se localisent pas dans un cloud éthéré ou j'irais piocher « *Allo, le bureau des idées ? ici l'homme, peux-tu me dire si j'ai raison ?* ». En cela, le Mythe de la Caverne est la pire des histoires à ne plus jamais raconter : l'homme, remontant à la surface de la Terre après avoir quitté ses collègues enchainés qui ne voient dans la grotte que les ombres de leurs formes, s'accoutume à la lumière crue de la vérité. En redescendant raconter à ses copains toujours au fond du trou ce qu'il a découvert là-haut, il se fait incendier parce qu'il dérange leurs habitudes. Et Platon de s'interroger : « *ne le tueront-ils pas ?* » écrit-il. Pourtant rien de neuf sous le soleil monsieur le philosophe. Changer, évoluer, voir autrement est toujours un effort, une prise de risque, une mise à nu alors qu'on se trouve si bien dans son petit monde, entre soi, où on peut farfouiller à sa guise. Seule excuse à Platon, ses connaissances dans le domaine des neurosciences tenaient en moins d'une ligne sur mon smartphone.

Aujourd'hui l'idée pure est considérée comme une chimère, une vue de l'esprit sans jeu de mots, mais curieusement, les post-humanistes les plus radicaux semblent farouchement platoniciens sans le savoir, eux qui veulent conserver nos cerveaux dans un système de connexion sans fin à une intelligence artificielle supérieure, un cloud spirituel, après s'être débarrassés de leur enveloppe corporelle nuisible. Ils méconnaissent totalement les rapports qui nous font exister, combinant le physique au psychique, continuum d'être dans une complexité croissante allant jusqu'à faire émerger l'art sous toutes ses formes.

Descartes en déduisant que la vérité était immanente et non pas dans l'au-delà, vivant sa vie toute seule, eut l'immense mérite de remettre l'Homme au centre du jeu grâce à sa fameuse définition de la conscience. Il signa la fin du questionnement existentiel dont la réponse viendrait exclusivement d'en haut. Alors pourquoi m'acharnerais-je à le poursuivre de mes flèches empoisonnées ? Parce qu'il s'est trompé comme Platon : en séparant la *res extensa*, la chose étendue, la matière, de la *res cogitans*, la chose pensante, l'esprit, le rédacteur du *Discours de la méthode pour bien conduire sa raison et chercher la vérité dans les sciences*, titre intégral du texte qu'il publia de façon anonyme en Hollande pour éviter les foudres des opposants à Galilée, refusa catégoriquement de considérer ces deux entités comme issues d'une matière générant des états différents « *l'âme raisonnable ne peut aucunement être tirée de la matière, mais qu'elle doit expressément être créée* ». Il ignorait la notion d'émergence d'une structure, cet état supérieur aux parties dont elle est formée et promut un dualisme déraisonnable qui nous colle encore à la peau. Sa philosophie resta en outre imbibée d'une référence à un grand ordonnateur, voire à un dieu, comme il l'exprime dans Les Méditations « *Il doit y avoir autant de réalité dans la cause que dans son effet, car d'où est-ce que l'effet peut tirer sa réalité, sinon de sa cause* ». En clair, si l'idée de Dieu est en moi, c'est que Dieu existe, car seule une cause parfaite, c'est-à-dire Dieu lui-même, peut aboutir à un effet parfait, en l'occurrence cette idée de Dieu que je porte en moi, C.Q.F.D. On frise quand même le sophisme !

Renouant avec les intuitions des philosophes atomistes grecs, Baruch Spinoza proposa un modèle de déconstruction de ce monde vertical géré par un être supérieur pour lui substituer un monde horizontal. Dans son *Éthique dé-*

*montrée selon l'ordre des géomètres* publiée à sa mort en 1677 il soutint le principe d'une substance unique constituée d'une infinité d'attributs « *Deus sive Natura* », Dieu égalant la Nature, défendant la thèse selon laquelle l'homme *« n'est pas un empire dans un empire »* avant de reconnaitre qu'il n'est finalement qu'une partie de la Nature. Le polisseur de lunettes de la bonne ville de Leyden, néanmoins philosophe, signa un contrat de dépendance absolue aux forces qui nous façonnent dans une vision à la fois panthéiste et déterministe, la nature gérant elle-même l'évolution de ses créatures qui n'ont aucun espace de liberté. Adieu Dieu, sa barbe et sa grosse voix, au vestiaire le Diable et sa queue fourchue, au panier les angelots fessus aux joues roses soufflant dans des trompettes en or. Au revoir le libre arbitre nous faisant croire que nous décidons alors que nous sommes d'abord mus par nos affects et nos passions. Pensée scandaleuse qui lui valut un *herem*, bannissement de la communauté juive hollandaise. Son immense mérite fut de contrecarrer le dualisme en rejoignant dans la contestation l'iconoclaste Giordano Bruno, moine dominicain défroqué qui pensait l'univers comme infini, peuplé d'innombrables astres et de mondes identiques au nôtre. Accusé lui aussi d'hérésie, mais cette fois par l'Inquisition, Bruno finit carbonisé en 1600 à Rome au Campo dei fiori, aujourd'hui jolie place bourrée de restaurants au milieu de laquelle trône sa statue. Ironie de ce triste sort, certains astrophysiciens rediscutent aujourd'hui de la possible existence des Multivers, ces univers parallèles déjà évoqués, nous montrant que la Terre n'est réellement pas la seule à tourner en rond.

Friedrich Nietzsche, clamant haut et fort « *Dieu est mort* ! », sonna la fin de partie en coupant les liens existants entre l'homme et une supposée transcendance. Selon lui, l'être correspond à un foisonnement de forces sans personnalité surnaturelle. Cette volonté de puissance qui balise toute son œuvre comme l'analyse avec une grande finesse Luc Ferry dans *Apprendre à vivre*, n'est en rien le goût du pouvoir pour le pouvoir ni une volonté de domination brute. Elle correspond au désir ardent d'une intensité maximale de vie comme l'indique l'auteur de *La Généalogie de la morale* : « *Toute bête tend instinctivement vers un optimum de conditions favorables au milieu desquelles elle peut déployer sa force et atteindre la plénitude du sentiment de puissance* ». Quand Nietzsche conclut « *L'essence la plus intime de l'être est la volonté de puissance* » il cible la force d'impulsion irrésistible qui existe dans tout organisme vivant pour tenir son rang sans même en référer à un Elan Vital, dieu sans auréole. Il repense l'Evolution dans une approche finalement très biologique, voilà de quoi m'intéresser.

A explorer les mécanismes qui nous façonnent, le « *je pense donc je suis* » cartésien devrait donc faire place à « *je ressens donc je deviens* ». Si je possède une identité physico-psychique et suis à ce titre reconnaissable entre mille, Google et les caméras de surveillance le savent trop bien, cette identité provient d'abord de mes sens capturant toutes les signaux qui m'atteignent depuis que je suis fœtus pour les diriger vers le cerveau et ses adjoints le cervelet et le tronc cérébral dont on omet trop souvent l'importance. J'existe d'abord grâce aux vibrations et aux messages du monde qui m'entoure et dans lequel j'évolue ajoutés de ceux de mon propre corps. À partir des informations que captent mes sens je crée des cartographies cérébrales innombrables qui me dessinent, fourmillant de connexions en boucles à l'intérieur de moi-même, « *je suis* », j'existe et en même temps je deviens, car ces milliards d'informations que je reçois de mon environnement me métamorphosent au fur et à mesure du temps au travers de circuits jamais semblables, donc impossible à modéliser. Oui, je ressens et donc je deviens, être vivant à la fois stable et dynamique, phénomène que l'on retrouve à tous les étages de l'organisation de l'Univers. Être et devenir, inséparables, consubstantiels, fusionnels.

L'autre erreur magistrale de Descartes qui découle de la première fut de considérer les animaux comme des machines, refusant aux bêtes une forme de présence consciente au monde, alors que tout plaide pour le contraire en les voyant vivre. Il pensait que seul leur instinct leur permettait d'exister sans avoir à réfléchir comme il le précise dans une lettre au marquis de New Castle datée du 23 novembre 1646 « *je sais bien que les bêtes font beaucoup de choses mieux que nous, mais je ne m'étonne pas, car cela même sert à prouver qu'elles agissent naturellement et par ressorts ainsi qu'une horloge, laquelle montre bien mieux l'heure que notre jugement ne nous l'enseigne* » J'en conclue que soit l'auteur de *la Dioptrique* était profondément myope, soit son chien adoré qu'il affublait du sobriquet de Monsieur Grat faisait exception à la race des « *animaux machines* ».

Descartes m'a tué ! et je lui en veux de m'avoir coupé en deux, ignorant ou réfutant ces approches de l'être qui n'ont nul besoin d'un raisonnement ni d'une calculette pour nous comprendre et nous aimer, partition artificielle de la personne dont la pensée occidentale fut longtemps, trop longtemps imprégnée.

## Moi c'est moi, lui c'est lui

Être conscient de soi implique l'existence d'un système d'informations qui me renseigne sur ce que je fais et pense, qui me dise où je suis, dans quelle position je me trouve et à quel moment. Il me faut donc être éveillé et pouvoir communiquer. Pour ce faire le langage au sens le plus large du terme qu'il soit phonique ou muet, gestuel, visuel, olfactif, tactile ou autre… représente le vecteur principal d'échange de données entre les individus et leur environnement matériel, psychique et spirituel, entre vous et moi et entre moi et moi dans mon for intérieur. Je deviens pleinement « *moi* » quand je parle aux autres, mais surtout quand je me parle à moi-même. Je ne cesse de me dire des choses, bêtes, incongrues, tristes ou gaies, parfois pertinentes, presque jamais méchantes (en tout cas je l'espère), peu importe ! L'essentiel est de comprendre que je me construis en regard de ce que je me dis, de ce que les autres captent mes paroles avant de me retourner les leurs et finalement de ce que je leur réponds. Boucles d'actions et de rétroactions infinies qui n'ont pas attendu Allan Turing et ses successeurs cybernéticiens pour faire le boulot. En effet, nos cerveaux fonctionnent par algorithmes depuis des millions d'années et les cadors de l'informatique n'ont rien inventé, tout juste copié ce que la nature leur a fourni. Un algorithme n'est pas autre chose qu'une suite finie et non ambiguë d'opérations ou d'instructions visant à résoudre un problème ou obtenir un résultat. Nous utilisons des algorithmes au quotidien par exemple : faire cuire un œuf à la coque. Il s'agit d'accomplir une succession de tâches prédéfinies et ordonnées en commençant par prendre une casserole, puis y verser de l'eau, allumer le gaz, chauffer le liquide jusqu'à ébullition, immerger l'œuf dans la casserole, laisser bouillir quatre minutes avant de le retirer puis couper le feu et servir avec une petite mouillette de pain beurré ! Suite d'actions assurées dans un ordre à respecter pour aboutir à l'effet espéré. En médecine nous procédons de la même façon pour poser un diagnostic, allant chercher des éléments positifs, éliminant les éléments négatifs pour construire ainsi deux ou trois hypothèses avant d'espérer retenir la bonne, mais la grande différence entre l'intelligence humaine et l'intelligence artificielle provient de trois facteurs essentiels : en premier lieu, les algorithmes que nous utilisons sont souvent très ambigus, ayant à traiter des informations non programmées, contradictoires, désordonnées contrairement aux machines qui ne peuvent pas fonctionner dans le doute existentiel, hors de l'incertitude statistique d'un jeu de Go. Deuxièmement, nous sommes capables de décider à partir d'un très petit nombre d'éléments comparé à la masse énorme de données qu'il faut à la machine pour faire un choix. Pas besoin de visualiser des millions d'images de chats pour qu'un enfant de deux ans fasse la différence d'avec un chien en moins d'une minute. Enfin la décision humaine se nourrit des sensations et des émotions même dans l'abstraction la plus originale qui en découle. On est donc très au-delà du *deep learning* et de la Super Intelligence chère à Nick Boström.

## Bribes de conscience dès l'origine

Depuis une trentaine d'années, la réflexion sur les phénomènes physicochimiques et biologique préludant à la conscience a profondément évolué. David Chalmers dans *L'esprit conscient* plaide pour l'existence d'une proto-conscience qui existerait au niveau des plus petites structures matérielles. Un tel état serait en rapport avec des flux d'informations au départ frustres et minimalistes qui se complexifient au fil de l'histoire de l'Univers. Cet embryon de conscience, noyau informatif capable de modifier un état particulier en un autre plus complexe se serait développé sur des milliards d'années pour atteindre le niveau que nous lui connaissons chez l'Homme. Les données d'information génèreraient des expériences qui modifieraient à leur tour les structures ou en feraient émerger de nouvelles. Vision très orientale d'un monde ou tout objet animé ou non serait en liaison avec les autres. En effet les particules élémentaires possèdent un certain degré d'incertitude pour les uns ou de liberté pour les autres donc de choix dans leur trajectoire et leur appariement dans les objets matériels, qu'elles soient partout et nulle part à la fois selon la physique quantique.

On assisterait donc à l'émergence d'infimes relations et bribes de conscience que nous refusons d'admettre, dérangés que nous sommes par l'idée que des structures aussi petites et rudimentaires puissent décider sans un cerveau. Quand le Shintoïsme prône l'existence d'une âme dans tout objet, pierre, sable, poutre de bois, plantes, eau, nuages et ciel, animaux et humains, faut-il en rire et arrêter de perdre son temps à discuter de fadaises, ou bien vaut-il la peine de travailler sur le crédit d'une telle hypothèse ?

Notre occident raisonnant a oublié une part de nous-mêmes, une part de notre rapport au monde en rejetant tout ce qui n'était pas calculable, exprimable en équations. Comme le signale à son tour Daniel Dennett dans *Théorie évolutionniste de la liberté* : « *L'idée qu'il existerait un centre spécial dans le cerveau est la plus mauvaise et la plus tenace des idées qui empoisonne nos modes de pensée au sujet de la conscience* ». Les près de cent milliards de neurones et leurs connexions innombrables qui les relient en transférant leurs messages au moyen de médiateurs chimiques, forment un réseau informationnel hautement démocratique dans lequel chacun apporte sa pierre à l'édifice. Pas de chef ni de roi ou de président de la République en leurs palais dorés décidant de la conduite à tenir.

Mais alors, à quoi le cerveau peut-il bien servir ? Les messages qui lui sont envoyés par notre environnement interne et externe ne sont pas organisés pour transmettre des informations toutes faites, ayant déjà un sens précis dans le cadre d'une hiérarchie signalétique pré-établie. Il n'existe pas de grammaire universelle des formes ni des distances, des couleurs, des sons, des objets, des images ou des situations. C'est l'encéphale auquel est dévolu le rôle éminent d'intégrateur des données brutes issues de nos corps et de notre environnement pour en faire des cartographies qui produisent des concepts immatériels allant jusqu'aux abstractions les plus folles. Le cerveau agglomère d'abord des tonnes d'informations, puis les sélectionne pour en faire des synthèses en temps quasi réel propres à chacun d'entre nous, mais dont certaines sont semblables pour tous. Par exemple : lorsqu' en conduisant votre voiture vous apercevez un panneau rond de couleur rouge avec au milieu une bande rectangulaire horizontale blanche, vos rétines reçoivent les photons issus de ces deux zones de formes et de couleurs différentes disposées spatialement sur une certaine surface. Après les avoir repérées, votre cerveau les conserve pour les envoyer via les autoroutes neuronales vers le premier groupe de cellules nerveuses situé à l'arrière dans la zone occipitale qui traitera les informations. Si cette zone de neurones retient ces informations, elles seront alors distribuées à d'autres zones du cerveau situées cette fois en avant dans le cortex frontal et le cortex pariétal pour être analysées afin de construire un panneau « sens interdit ». Une telle interprétation aura mis en jeu un nombre considérable de connexions neuronales en quelques centaines de millièmes de seconde pour vous sommer de ne pas avancer plus loin dans la rue avec votre voiture alors que vous êtes autorisé à le faire à pied. Par la combinaison de ces simples formes et couleurs vous créez immédiatement un symbole que vous respectez grâce à la seule intermédiation de processus électriques et biochimiques. Vous passez sans discontinuité de la matière brute à un concept immatériel sophistiqué au point d'ordonner l'arrêt d'une action.

Ainsi de multiples zones de relais neuronaux génèrent nos sentiments, nos idées, nos phantasmes, nos tabous et notre liberté. La représentation de l'activité cérébrale par des aires spécifiques bien définies anatomiquement qui seraient uniquement dédiées à une seule action comme celle du langage, de la motricité, de l'audition, de la vision et autres fonctions censées gérer tous nos besoins pratiques et intellectuels est donc en partie fausse, mais elle eut le mérite d'ouvrir la voie de la neurologie moderne : en 1840 le neurochirurgien français Paul Broca disséqua le cerveau d'un certain M. Leborgne, malade aphasique qu'il suivait à l'hôpital de Bicêtre. Surnommé « TanTan », car il ne prononçait plus qu'une seule syllabe « Tan » qu'il répétait indéfiniment, le malade avait conservé l'intégralité de ses capacités cognitives. Lors de son autopsie, le chirurgien découvrit dans le cortex du lobe temporal gauche une lésion syphilitique qui pouvait expliquer le dysfonctionnement cérébral auquel il rattacha les symptômes. Il baptisa « *centre de la parole* » cette zone du cerveau proche de celle de la main, la nature ayant prévu avec intelligence que le langage et la motricité iraient immanquablement de pair. Il présenta sa découverte en 1861 à la Société d'anthropologie de Paris au cours d'un vif débat avec les tenants du holisme cérébral qui pensaient que la totalité du cerveau était nécessaire pour agir et penser (ce en quoi ils n'avaient pas tout à fait tort). Broca exposa sa théorie basée sur l'observation des malades en expliquant que « *ce qui a péri en eux, ce n'est pas la faculté du langage, ce n'est pas la mémoire des mots, ce n'est pas non plus l'action des nerfs et des muscles de la phonation et de l'articulation, c'est la faculté de coordonner les mouvements propres au langage articulé* »… Dix ans plus tard le neuropsychiatre polonais Carl Wernicke découvrit à son tour chez un malade aphasique une lésion du lobe temporal gauche qui intervient dans la compréhension des différents signes du langage. Chez cet autre malade, la syntaxe et la grammaire n'étaient que très peu atteintes, mais le discours était incompréhensible, dénué de sens. À partir de ces découvertes, en 1909 le neurologue allemand Korbinian Brodmann divisa le cortex cérébral en cinquante-deux aires actives qui pouvaient travailler par trois ou quatre l'une après l'autre sous l'excitation des stimuli reçus. Une étude toute récente de Karolis dans Nature confirme qu'il existe bien une certaine latéralisation des activités cérébrales. L'émotion et la création sont plutôt gérées par le cerveau droit quand le calcul et le langage sont plutôt traités par le cerveau gauche tout en constatant que de multiples zones participent à l'émergence de ces actions.

L'étude de la conscience, qui était restée la chasse gardée des philosophes et des religieux, mais dédaignée par les scientifiques au-delà de ses aspects cliniques médicaux que je viens de rappeler, est devenue l'objet de toute leur attention grâce aux travaux réalisés au moyen de systèmes de mesure physiques : l'électroencéphalogramme, l'électromagnétogramme et la résonance magnétique nucléaire (RMN) fonctionnelle. Ces outils diagnostiques sont capables de suivre nos flux neuronaux au millième de seconde près. Nous pouvons les enregistrer en temps réel en captant avec des électrodes implantées sur le crâne des sujets qui s'y prêtent les flux électriques que leurs neurones émettent et se transmettent les uns aux autres au cours de diverses expériences sur la cognition, la mémoire, les émotions, la motricité et les sensations. On peut voir aussi en IRM des images colorées, pixels par pixel toujours au millimètre près, dessinant des zones d'activité cérébrale plus ou moins intenses grâce à un marqueur contenant un sucre, le glucose, molécule hautement énergétique dont raffolent les neurones. Par exemple, lors d'un coup de foudre amoureux on observe un immense feu d'artifice dans le cerveau qui s'embrase de toutes parts en mille étincelles pour retomber souvent très vite, trop vite au sol en s'éteignant. Une autre méthode d'investigation, la tractographie, une IRM spéciale, dessine la cartographie des trajets des fibres myélinisées qui transfèrent les influx électriques le long des axones dans un incroyable enchevêtrement de « fibres optiques » naturelles.

La combinaison de ces technologies médicales remania profondément le concept traditionnel de géolocalisation des aires corticales reposant sur la relation entre les symptômes observés chez les malades et les constatations anatomiques post-mortem découvertes par les cliniciens du dix-neuvième siècle. Stanislas Dehaene dans *Le Code de la conscience* explique d'abord que le cerveau effectue sans arrêt un travail de *« computation non consciente très puissante, sur un mode statistique, de flux d'informations qui restent confinés dans des circuits cérébraux spécialisés.* En clair la part qui reste inconsciente dans notre présence au monde est énorme, bien supérieure à notre petit un pourcent de par consciente, et heureusement, car nous n'aurions pas le temps de tout faire s'il fallait penser aux détails de l'effection de chacune de nos actions. Dans une optique darwinienne reposant sur la notion d'avantage sélectif, Dehaene nous dit que la conscience *« sélectionne un échantillon dans ce flux, celui des informations les plus pertinentes pour prendre nos décisions, les conserve dans notre mémoire de travail et déclenche la mobilisation simultanée de centaines de millions de neurones auxquels ces informations sont soumises ».*

Les expériences réalisées sur des sujets sains nous indiquent que les informations présentées moins de 50 millisecondes à nos rétines ne sont pas retenues, mais jetées d'emblée à la poubelle. Entre 100 et 200 millisecondes après l'apparition d'un mot sensé dans une série de lettres aléatoires, comme « PudjwboVeusBtimfjzAmourfhiNostqpênFsitr » montrée à des sujets sains, Dehaene et son équipe ont constaté qu'une excitation des neurones faisait rentrer dans la zone occipitale du cortex visuel le mot Amour qu'il ait été déclaré *« vu »* ou *« non vu »* par le sujet. Puis, au-delà de quatre cents millisecondes d'exposition visuelle, si le mot Amour est déclaré *« vu »* par le sujet, le voilà qui file rejoindre le système dit conscient loin de la région occipitale de réception pour atteindre les lobes frontaux situés en avant du crâne et les régions pariétales latérales activées à leur tour pour traiter l'information. En revanche, si le stimulus est classé « *non vu* » par le cortex occipital, il disparait. Superbe mécanique à sélectionner pour produire du sens qui fonctionne sans bruit et ne s'arrête jamais de bosser même au cours d'un roupillon !

## Un espace de travail neuronal

A partir de ces découvertes, Dehaene tira le concept d'« *espace de travail global* » cérébral qui fait agir de multiples zones sans prédétermination anatomique unique. En fait, les cartographies cérébrales forment un incroyable patchwork en perpétuelle modification sous l'impulsion des sens via des aller et retour entre neurones dans des recoupements innombrables. Les chercheurs américains Gerald Edelman et Giulio Tononi dans *Comment la matière devient conscience*, expliquent que « *La conscience est une propriété dynamique. Notre connaissance du monde réel est le produit d'interactions physiques, psychologiques et sociales de nos esprits et de nos corps avec le monde* ». Nos sensations et nos émotions sont donc fondamentales pour générer une pensée consciente qui nait d'arrangements matériels sans descendre par miracle du ciel enveloppée dans un joli paquet cadeau avec un gros nœud rose à la Platon. La pensée consciente provient sans aucun doute des relations multiples constituées de matière, particules et molécules, véritables bribes informationnelles mues par de l'énergie dans des circuits extraordinairement sophistiqués à l'intérieur même du cerveau pour finalement créer du sens immatériel, de l'abstraction, du symbole. On peut comparer ces différents états sous une autre forme et pour un autre destin aux molécules d'eau qui selon leur agencement, leur mobilité et leur liberté forment un glaçon, un liquide ou de la vapeur et vice et versa selon les variations physiques, essentiellement la température et la pression, des atomes d'hydrogène et d'oxygène qui la composent. Le dualisme fut donc le pire des concepts que l'Homme occidental inventa pour tenter d'expliquer le monde en le coupant en deux, recherchant désespérément une explication purement raisonnée qui se heurte à la réalité d'un univers autrement complexe, non dissécable dans son intégralité sous peine d'en édulcorer la substance.

## L'immunité en modèle

Comme souvent en science les plus grandes découvertes ne proviennent pas du champ étroit de travail princeps du chercheur, mais de sa curiosité générale. Les vrais génies ont toujours les yeux grands ouverts. Gerald Edelman, prix Nobel de médecine 1972 pour ses travaux sur l'immunité en est l'exemple même. Il s'intéressa à la conscience après avoir réfléchi au phénomène de la reconnaissance par l'individu des corps étrangers, un domaine à cent lieues de la neurologie. Nos corps sont en effet protégés des agressions extérieures par un mécanisme sophistiqué, le système immunitaire. Ce dernier est constitué d'abord par la peau, barrière naturelle qui protège l'individu. À l'intérieur du corps, des structures anatomiques comme le thymus, la moelle osseuse, la rate, les ganglions reliés par les vaisseaux lymphatiques, forment un autre réseau de défense en secrétant des cellules tels les macrophages qui avalent directement les intrus. Des agents armés sont aussi produits par certains lymphocytes dont la vocation est de repérer les intrus appelés antigènes qui voudraient pénétrer dans nos organes tels les allergènes, les virus, certaines bactéries dangereuses ou tout autre agent physique ou biologique considéré comme un ennemi de la patrie. Pour empêcher ces étrangers de perturber le bon fonctionnement de nos corps, nous sécrétons des anticorps, petites protéines en forme de fronde en Y, de vrais lance-pierres, appelées immunoglobulines. Ces vigies sont les gardiennes jalouses de notre identité qui repèrent avec une précision diabolique tel ou tel agent dont le signalement n'est pas reconnu comme compatible avec l'organisme avant de le ceinturer puis de l'expulser. Il existe ainsi depuis la nuit des temps au niveau microscopique un combat permanent dans lequel s'affrontent des individus qui ne partagent ni les mêmes objectifs ni les mêmes modes de vie. À l'intérieur même de nos corps les molécules se reniflent, s'acceptent ou se rejettent sans se faire de cadeau. Toutes celles qui deviennent anarchistes en croissant sans respecter le groupe sont exterminées par le système immunitaire sauf quand il baisse la garde comme dans les cancers. Ce moyen de surveillance et de protection remarquable, apparu très tôt au cours de l'Evolution, évite aux individus les effets nocifs des dangers extérieurs et internes en reconnaissant le soi du non-soi. Il a pour objectif de faire la différence entre ce qui est moi et ce qui est l'autre, utilisant uniquement des propriétés physicochimiques créatrices de bribes de reconnaissance de chacun. L'Homme, promoteur d'idéaux universalistes ayant germé grâce à son empathie, à sa raison et à sa culture a su rompre d'avec ce racisme naturel. Nouveau défi au darwinisme qui malheureusement reste menacé par les incessantes tentatives d'ostracisme qui ressurgissent ici où là, anti--sémitisme, anti-christianisme, anti-islamisme ou toute autre chasse à l'homme parce qu'il est simplement différent de peau, de langue, de traditions, de pensée et de modes de vie.

L'information, le carburant à l'origine de notre conscience a pour racine le mot forme. Pour la détecter il faut donc une variation dans l'état où on se trouve soi-même où dans son environnement afin qu'un signal apparaisse dans le milieu ambiant qui puisse être observé comme différent. En cela, l'information est un élément perturbateur qui dérange l'équilibre acquis. Elle oblige le milieu qu'elle bouscule à se remettre en question avant de réagir en positif ou en négatif, en bien ou en mal. À partir du chaos engendré par la déstabilisation de la structure informée il faut retrouver l'équilibre dans nos corps via une intégration ordonnée de tous les signaux perçus et analysés. Ainsi se met en place une véritable machinerie à produire une réponse de mieux en mieux structurée allant jusqu'à la pensée, au sens, aux valeurs avec les symboles qui les accompagnent. Un tel déploiement informationnel dont nous reparlerons forme une spirale ascensionnelle qui va du matériel vers l'immatériel s'effectuant grâce aux milliards de milliards de connexions entre nos particules, nos atomes et nos molécules. Nous sommes des tourbillons d'émotions, des tornades d'intelligence, des ouragans de créativité et des extases d'amour.

## La matière de l'esprit

Dans leur analyse du fonctionnement intime de la conscience, Gerald Edelman et Giulio Tononi nous apprennent qu'un groupe de neurones ne peut contribuer à l'expérience consciente que s'il fait partie d'un réseau beaucoup plus large dans lequel circulent des milliards d'informations. Ils rompent à leur tour avec la tradition des zones anatomiques décrites par Broca et ses collègues en déclarant qu'il n'existe pas véritablement d'aire cérébrale dédiée spécifiquement à la création et à la gestion de la conscience et de la mémoire. À partir de cette observation les deux chercheurs dans *Comment la matière devient conscience* en vinrent à définir les mécanismes d'apparition de la conscience en se fondant sur la Théorie de la Reconnaissance. Ils osèrent parler de « *matière de l'esprit* » et proposèrent un modèle original appelé « darwinisme neuronal » qui traduit l'aspect dynamique des processus générateurs de la conscience et de la mémoire. Cette théorie repose sur trois piliers :

Tout d'abord chaque espèce possède une anatomie neurologique propre conçue pas à pas au long de millions d'années de mutations sous la pression de la sélection naturelle. Le cerveau du dauphin, aussi intelligent soit-il, ne ressemble pas à celui de l'Homme qui est différent de celui de l'ours ou de la girafe. La sélection anatomique crée ainsi des réseaux neuronaux variés qui relient de façon différente les régions cérébrales. On peut comparer ce maillage à celui des autoroutes avec leurs échangeurs de circulation, mais en beaucoup plus complexe et serré. Edelman et Tononi appelèrent ce réseau de voies anatomiques le « répertoire primaire ».

Ensuite un deuxième mécanisme intervint dans l'élaboration des processus non plus anatomiques, mais cette fois biochimiques reposant sur les connexions entre les extrémités des neurones appelées synapses qui transmettent les informations de cellule nerveuse à cellule nerveuse parfois très éloignées les unes des autres. La synapse reçoit depuis le corps du neurone des influx électriques qui agissent à leur tour sur des structures chimiques contenues à son extrémité, les neurotransmetteurs déjà cités, pour adresser à un autre neurone des informations calibrées au moyen de ces diverses molécules. Nouvelle sélection darwinienne qui génère n'innombrables circuits bioélectriques fonctionnels appelés « répertoire secondaire » utilisant les autoroutes du réseau anatomique primaire pour faite avancer les influx nerveux.

Ces deux systèmes anatomique primaire et biologique secondaire intimement liés jouent la partition qui compose une œuvre, la conscience, mais il leur manque un atout majeur : Pour réussir à créer une conscience, c'est à dire un soi indépendant des autres qui se reconnaisse comme lui-même, il est nécessaire d'ajouter au réseau neuronal un phénomène d'aller et retour dans la foule d'informations glanées et transportées qui vont s'échanger dans le cortex jusqu'à formaliser une pensée consciente en appariant les signaux reçus. Ces boucles de retour d'informations ne sont pas de simples *feed-back* par lesquels les messages reviennent à leur point de départ. Leurs trajets s'effectuent partout dans le cerveau, plusieurs fois s'il le faut et où il le faut, depuis le point d'envoi initial vers autant d'autres points considérés comme des cibles informationnelles qu'il faut exciter pour les mettre en jeu ensemble, les faire vibrer à l'unisson. Ces boucles baptisées « *ré-entrées* » qui forment aussi des *replays,* éléments pivots de la biologie de la conscience : Elles permettent de faire interagir et de coordonner les cartographies cérébrales produites par l'action combinée des deux moyens précédents, l'anatomique primaire avec ses autoroutes et le biochimique secondaire avec ses transmissions de signaux colportés de neurone à neurone. Edelman appela « *noyau dynamique* » ces ré-entrées mettant en relation des zones distantes qui ne sont pas des aires anatomiques définies une fois pour toutes, mais des réseaux de connexions rapides entre groupes de neurones dispersés qui se renvoient la balle. Incessants échanges informationnels propres à chacun d'entre nous en particulier qui génère une diversité non-modélisable de la machine humaine. Les délires des marchands de rêves numériques qui nous promettent pour demain ou après-demain l'émergence d'une conscience de la machine définissant à leurs yeux une post-humanité aux capacités cognitives et mémorielles supérieures sont risibles. Ils créeront un ersatz grossier, tout au plus un vulgaire zombie digital sans affect. Les machines sont des Imitations Artificielles, des IA sans génie qui lorsqu'on les laisse jouer toutes seules échangent entre elles sans être capables de se comprendre, ni de nous comprendre comme Alice et Bob deux robots Facebook qui se sont perdus dans des conversations sans queue ni tête !

Le cerveau ne fonctionne absolument pas comme un ordinateur avec ses processeurs, ses mémoires, son disque dur et ses logiciels tous semblables, non modifiables sur le champ, transmettant des messages binaires rustiques. L'apprentissage profond (*deep learning*) est inconnu chez l'Homme. Croire qu'en augmentant le nombre de couches de « *neurones artificiels* » terme parfaitement usurpé, on effacera le différentiel actuel entre la machine et moi semble une vue étroite et infantile d'ingénieurs codeurs. Un calculateur ne ressemble en rien fonctionnellement à un cerveau flanqué de son système nerveux. Il n'y a pas de centre unique de la mémoire situé à un endroit précis de mon encéphale que je pourrais changer afin de le remplacer pour un plus puissant en octets.

L'impossibilité d'une modélisation précise des circuits neuronaux humains renforce ainsi la notion de personne humaine dans ses fulgurances intuitives puisqu'il n'existe pas de cartographie cérébrale globale définissant l'Homme ni de notice d'utilisation avec ses schémas descriptifs résumant l'obtention d'une information complexe, d'une pensée ou d'émotions que l'on pourrait copier-coller en tapant contrôle C, contrôle V. Cette individuation fine nous protège heureusement des grossières contrefaçons numériques. Dans le cerveau tout se mêle : les sensations font les émotions dont nous canalisons certaines en pensées. Les ré-entrées et les replays font que le système neuronal humain se prend lui-même comme objet de son activité, favorisant ainsi l'apparition d'une propriété émergente dénommée « conscience », le « *connais-toi toi-même* » de l'Oracle gravé au fronton du temple de Delphes.

Autre qualité essentielle issue de sa nature biologique, le cerveau est une machine d'une extraordinaire plasticité, capable de tout recevoir et de tout accomplir. Les neurones servent à de multiples opérations différentes selon leur sollicitation, alors que l'ordinateur est rigide, statique, figé, buté. Le cerveau crée, défait et réorganise ses réseaux de neurones et leurs connexions synaptiques en fonction des besoins. Cette plasticité, maximale au jeune âge, dure toute la vie en s'atténuant peu à peu. Elle est en partie due à l'action des cellules gliales qui entourent les neurones et leur servent de poubelles à déchets, mais aussi de facilitateurs de messages et de livreurs de nourriture, formant avec eux un complexe d'une rare cohésion. Des études en IRM montrent que les aveugles de naissance utilisent l'aire visuelle occipitale pour lire l'alphabet Braille, découverte qui prouve cette adaptabilité surprenante d'efficacité par laquelle les influx tactiles des doigts envoient leurs messages dans des zones cérébrales désertées par l'excitation des photons lumineux. Dynamique incessante dans une individualité permanente de la naissance à la mort.

## Des neurones qui résonnent

Les vibrations et les flux qui nous parcourent en permanence ne laissent pas de côté le cerveau dont le fonctionnement fait intervenir le phénomène déjà évoqué de cohérence. Jonathan Schooler et Tam Hunt proposent une théorie de « *résonance de la conscience* » qui reposerait sur la propriété physique de synchronisation des flux neuronaux. La physique nous explique que lorsque des ondes se regroupent en un point donné leur énergie augmente. L'exemple des oscillations de la balançoire est caractéristique de ce phénomène de résonance : l'énergie de chaque poussée des mains quand la balançoire arrive au sommet de sa courbe s'ajoute à l'énergie totale dépensée à la condition d'impulser l'effet pile au bon moment. Si la pression des mains est impulsée trop tôt l'énergie cinétique accumulée par la balançoire risque de vous projeter par terre. Si vos mains agissent trop tard, la poussée perd sa puissance et ne sert plus à rien. En agissant juste au bon moment on amplifie l'énergie en lui injectant ce qu'il faut de puissance supplémentaire, ce que l'on appelle être en phase.

Ce phénomène, de vibrations synchronisées, appelé résonance, interviendrait dans la genèse de la conscience humaine et animale ainsi que dans tous les objets physiques, chimiques et biologiques dans la mesure où l'Univers est en oscillations permanentes. La matière vibre et résonne à différentes fréquences. Lorsque plusieurs éléments vibrants se rencontrent, après un bref instant, ils ont une tendance naturelle à se synchroniser, à résonner. Les musiciens vivent physiquement ce phénomène de résonnance quand leurs instruments entrent en « *sympathie* » selon leur jolie expression. Dans un Quatuor à cordes le son du violoncelle fait vibrer la caisse des violons et de l'alto et vice et versa. Le son global des instruments devient autre que celui de chaque instrument. Il y a émergence partielle (dans la mesure où il existe quand même un plan, une partition) d'un nouveau son global.

On constate le même phénomène en physique : les pointeurs lasers utilisés dans les salles de conférence pour souligner un mot ou un chiffre sur une diapositive aussi ennuyeuse qu'inutile, obligeant l'orateur à tourner le dos à l'assistance, agissent grâce à la cohérence des photons de même puissance et de même fréquence, tous synchronisés pour générer des faisceaux lumineux extrêmement précis. Les faisceaux lasers mobiles des grandes scènes de concerts rock où tout le monde se trémousse en levant les bras en cadence procèdent de la même technologie. En astronomie, la rotation de la Lune est parfaitement synchronisée avec son orbite autour de la Terre. En géophysique, les marées sont l'objet de résonance dans la mesure où il s'avère possible de décomposer les forces d'attraction que subissent les océans en une suite infinie de termes de périodes différentes. Chacune de ces forces élémentaires engendre une mini marée partielle de période et d'amplitude propres, l'onde de marée totale apparaissant comme la superposition de toutes ces réponses harmoniques.

Analyser ce phénomène de résonance bouleverse notre approche quant à la nature de la conscience en introduisant la notion d'harmonie, étymologiquement « *union* » d'objets et de corps. La synchronisation des informations qui existe dans le cerveau humain possède des fréquences mesurables comme le neurophysiologiste allemand Pascal Fries l'a analysé par électroencéphalographie en décryptant le langage des potentiels électriques cérébraux. Il interprète les ondes rapides gamma, comme étant celles de la conscience globale, les ondes bêta plus lentes comme celles de la cognition et de la concentration et à l'opposé les ondes thêta, très émoussées, comme étant celles de la méditation, de l'intuition et de la mémoire. Vision anthropocentrique ? La relation exacte entre ces ondes cérébrales électriques et la conscience fait encore débat, mais Fries défend le concept de « *la communication par la cohérence* ». Pour lui, la synchronisation neuronale est nécessaire à l'apparition du phénomène « conscience » en l'absence de quoi la transmission des messages pourrait tomber en pleine période réfractaire qui suit toujours l'excitation d'un neurone. Ce bref moment de récupération du corps du neurone d'une durée de 0.5 milliseconde pendant laquelle toute transmission d'informations est impossible obligerait les neurones à agir en phase sous peine de ne pouvoir recevoir ni transmettre les messages.

En regardant les comportements des entités qui nous entourent et nous composent, depuis les électrons jusqu'à nous, en passant par les molécules, les cailloux, les bactéries, le bois, les lucioles, les chauves-souris, l'or, la rose, les singes et la baie de Rio, il semblerait que toutes les structures créées par la nature possèdent une forme de conscience qui n'aurait donc pas émergé chez Adam et Ève, comme ça, d'un coup au pied de l'arbre de la connaissance à un moment précis au cours de l'Évolution. La conscience serait consubstantielle à la matière depuis l'origine de l'Univers, l'esprit émergeant progressivement des appariements particulaires, du bouillonnement moléculaire, des interactions chimiques et des collaborations biologiques. Les connexions internes qui caractérisent les structures biologiques comme l'Homme sont particulièrement développées et leurs flux d'informations d'une rapidité et d'une complexité sidérantes, leur autorisant l'émergence d'un état de présence au monde particulier, d'une conscience supérieure à ce qui se produirait avec des objets de taille similaire moins connectés tels un rocher ou un tas de sable, entités à la conscience infinitésimale au niveau atomique ou moléculaire. Finalement les liens qui permettent la survenue d'une conscience, comme celle que possèdent les humains résultent d'abord d'une résonance partagée entre de nombreux constituants plus petits. Cohésion, partage, collaboration et synchronisation toujours à l'œuvre sans rupture d'essence. La conscience, explique Dehaene, « *c'est la diffusion d'une information dans le cerveau pour la rendre disponible à la mémoire de travail ou à long terme et aux systèmes d'évaluation, de focalisation d'attention, perceptifs, moteurs, par les autoroutes neuronales, les faisceaux d'axones* ». Le secret du niveau élevé de conscience des êtres humains tiendrait à la combinaison d'un réseau anatomique parfaitement ordonné allié à un câblage bioélectrique et chimique particulièrement dense, variant sans cesse pour relier les différentes zones cérébrales dans des aller et retour incessants en dehors et pendant les phases de sommeil. Comme le cœur le cerveau ne s'arrête jamais de travailler.

Ces connexions fouillées augmentent avec l'apprentissage au quotidien, véritable gymnastique cérébrale dont on sait que le niveau de qualité influe massivement sur l'avenir des enfants formés tant à l'école que par leurs parents. L'égalité des chances, ou, disons plutôt la réduction de leur écart passe incontestablement par la stimulation neuronale dès le plus bas âge. Voilà pourquoi mieux vaut éviter les écoles et lycées poubelles, mais combien de parents en ont-ils conscience ou pire, vraiment le choix ?

En résumé, l'espace neuronal de travail fait prendre conscience d'une information structurée à partir d'une quantité donnée d'analyses regroupées. Pour ce faire, le cerveau met en jeu une assemblée de neurones situés à des endroits différents qui s'illuminent quand ils se sentent concernés par le traitement des informations sélectionnées, créant ainsi une personne, c'est-à-dire un individu non réplicable dans ses circuits qui lui assurent une certaine autonomie. Mais la grande inconnue reste qu'on ne sait toujours pas exactement ce qui se passe à l'intérieur même d'un neurone. Comment modifie-t-il l'information qu'il reçoit de ses collègues via ses milliers de dendrites ? Quelle machine biologique intérieure transforme les messages reçus pour les renvoyer adaptés au mieux à un autre neurone via son axone dont la longueur peut dépasser plus d'un mètre ? Mystère !

En pathologie neuropsychiatrique, la schizophrénie s'expliquerait dès lors par une perturbation généralisée de cette coordination harmonieuse des boucles ré-entrantes et des replays générant des phénomènes d'hallucination. La personne schizophrène peut entendre des voix qui commentent ou critiquent son comportement. Elle peut percevoir des objets ou des entités qui n'existent pas réellement. Elle peut enfin accorder à des éléments de l'environnement des significations excentriques sans substrat réel. Expérimentalement il est possible de reproduire chez un sujet sain la remémoration d'un souvenir ou carrément déclencher une hallucination. En stimulant spécifiquement des neurones identifiés, le cerveau « *voit* » des choses que les yeux de la personne ne lui proposent pas, il vit l'expérience d'un monde virtuel tout en le croyant réel. On est à cent années-lumière des explications alambiquées d'un Sigmund Freud nous racontant que la schizophrénie a pour origine à des perturbations dans les relations du patient avec son entourage secondaire à un retrait de l'investissement libidinal dans les objets extérieurs. Hum ! La psychiatrie et la psychanalyse vont devoir totalement repenser les bases théoriques sur lesquelles elles reposent.

Tout comme la conscience, notre mémoire n'est pas simplement composée d'un stockage d'informations sous forme de traces fixes et indélébiles détenues dans un endroit précis du cerveau. Il n'y a pas une zone spécifique dans laquelle on conserverait nos expériences passées comme il existe des cartes mémoires informatiques. La mémoire n'est pas non plus une boite à ranger les vieilles photos souvenirs. Elle est tout le contraire, apparaissant comme une propriété dynamique de l'ensemble des innombrables images issues de nos sens et de nos pensées, système qui varie sans cesse sous les modifications induites par l'efficacité plus ou moins grande des synapses à transmettre les messages. Voilà pourquoi nous n'avons pas de mémoire rigide, mais des souvenirs parfois flous, estompés, imprécis jusqu'à oublier des expériences pénibles, joyeuses ou sans importance ou au contraire nous pouvons revivre des remémorations aiguës, parfaitement distinctes jusqu'à retenir des impressions extrêmement fortes d'événements passés, comme Marcel Proust retrouvant l'odeur d'une petite madeleine à Combray quand il allait dire bonjour à sa tante Léonie dans sa chambre, un dimanche matin. Notre mémoire n'est pas figée comme dans un ordinateur, elle se promène, s'enrichit, se ratatine ou revient en force selon les stimulations qui s'effectuent entre neurones. Son champ d'action, son intensité et sa durée sont variables dans le temps selon les individus et tout au long de la vie de chacun.

Sans les sens points de conscience ni de mémoire. Malgré leurs limites physiques, les systèmes qui captent les informations de notre environnement proche ou lointain sont d'une exceptionnelle efficacité pour nous relier à l'Univers. La rétine possède entre autres des cellules appelées cônes au nombre total de six millions pour les deux yeux, situés en son centre sur une petite surface, la fovéa. Ces cônes sont excités par les photons dans trois fréquences de rayonnement qui donneront le rouge, le vert et le bleu, dont les combinaisons variées nous fournissent toutes les couleurs de l'arc-en-ciel et jusqu'au noir et blanc selon le degré de réflexion des particules sur les objets. Les oreilles captent sur une petite membrane d'un centimètre carré, le tympan, des ondes de vingt à vingt mille hertz pour les transformer en sons dans le colimaçon, un organe avec des cils qui vibrent sou l'effet des impulsions acoustiques. L'odorat avec ces cinq petits centimètres carrés d'aire olfactive située dans les fosses nasales détecte quatre cents molécules chimiques appariées dans d'infinies combinaisons qui vont de la puanteur cadavérique au délice de la senteur du romarin ou du N° 5 de Chanel. Les cellules du goût étalées sur la langue, le pharynx et la face interne des joues, piègent les molécules de nourriture diluées dans la salive. Les différents capteurs cutanés perçoivent la température, la pression, la rugosité, la sensibilité. Les capteurs musculaires et ligamentaires de la proprioception évaluent les mouvements du corps, leur force, leur amplitude, leur direction, dessinant notre situation dans l'espace. S'y ajoute le système vestibulaire qui nous sert de gyroscope pour nous renseigner sur la position dans laquelle nous nous trouvons. S'ajoutent à ces informations celles provenant de l'intérieur du corps, regroupées sous le terme d'entéroception qui renseignent le cerveau sur l'état de nos organes comme une visite de contrôle sans fin.

Ces ingénieux systèmes cumulés définissent notre présence sensorielle au monde en transmettant à leur manière une masse considérable de messages à l'encéphale. Comme déjà évoqué, il s'agit parfois de simples changements, ruptures mimines dans l'état corporel du moment, mais suffisantes pour donner l'alerte sous forme d'influx électrochimiques qui remontent au cerveau et à ses annexes, le tronc cérébral et le cervelet. Ces derniers les reçoivent, les sélectionnent pour les synthétiser dans des cartographies créées sur le champ ou rappelées au bon moment afin de reconstruire le monde, mon monde, pas le vôtre ni celui du voisin. C'est ainsi que je goutte un vin aux saveurs de fruits rouges et de noix ou une affreuse piquette bouchonnée, que je vibre à l'écoute du *Nocturne N° 2* de Chopin par Arthur Rubinstein alors que je ferme ma fenêtre pour échapper au brouhaha du camion poubelle dans la rue. Je peux aussi voir un coucher de soleil flamboyant sur ma terrasse ou lire de mauvaises nouvelles sur l'écran de mon smartphone. On comprend dès lors que vouloir garder, comme l'espèrent les post-humanistes, nos seuls neurones dans un cloud imaginaire où ils seraient reliés à des pseudo neurones dits « artificiels » sans l'activation permanente des sens est illusoire et puéril pour ne pas dire franchement idiot. Nous sommes nés et vivons de l'eau, de la terre, de l'air et de la lumière.

Finalement, nous ressemblons à un immense mixeur à concepts issus de la matière malaxée dans des circuits neuronaux indéchiffrables avec précision. Cette impossibilité à définir des zones anatomiques de mémoire et de conscience ainsi qu'à modéliser la plasticité exceptionnelle des connexions neuronales exprime le mieux ce qu'est la personne : un être vivant unique dans la morpho-biologie de ses pensées et de ses émotions, stable tout en se modifiant sans cesse. Parménide et Héraclite en bateau !

## Libre arbitre ou automate à penser

En cherchant à me comprendre, deux ultimes questions me viennent à l'esprit : l'intelligence collective est-elle supérieure à l'individuelle et reste-t-il à l'Homme une part de liberté dans toute cette machinerie physico-biologique ?

Si l'intégration de l'information joue un rôle majeur dans l'émergence de la pensée, la combinaison des cerveaux des français, des Européens, voire des Hommes de la planète tout entière pourrait-elle engendrer à terme une « noosphère » plus performante que nous-mêmes individuellement ? Ultime étape d'une intelligence mondiale globale après celles de la géosphère puis de la biosphère définie par Wladimir Vernadski, notion que n'aurait pas reniée Pierre Teilhard de Chardin. En observant l'état de perturbation du monde actuel, on pourrait en douter. Visiblement l'intelligence collective ne résout pas mieux les problèmes que la clairvoyance d'un seul individu. Elle ne pare guère plus efficacement aux drames et ne rend pas plus heureux. Ce sont les individus qui bouleversent le monde : on peut citer facilement les noms des femmes et des hommes qui par leur vision, leur intelligence, leur courage, leur force de caractère ou leur paranoïa ont marqué l'Histoire dans tous les domaines de l'activité humaine, de la politique aux arts, aux sciences à la philosophie et aux religions, monuments de clairvoyance et d'anticipation ou d'horreur alimentés par une volonté de fer. Le peuple remue, il ne se projette jamais dans une construction politique affirmée. L'intelligence collective humaine n'intervient finalement qu'à de rares moments en bouffées éphémères alors que la bêtise et la cruauté des foules sont terrifiantes. La personne humaine individuelle reste donc au sommet de la hiérarchie du vivant connu. Si la nature évolue par auto organisation dans un espace de liberté quasi nul ou minimal, l'Homme, être de culture et donc de débats dans la complexité des réflexions qui l'animent et des structures dont il s'est doté ne peut se gérer en grandes masses sans hiérarchie. Nous sommes trop égoïstes pour vivre sans contraintes sociopolitiques en anarchistes cultivant des pommes de terre et élevant nos moutons au Larzac. Tout l'équilibre réside dans l'oscillation entre les aspirations et les revendications personnelles confrontées voire opposées aux impératifs collectifs. Pour conduire un pays, une entreprise, une association, un orchestre, une équipe de football ou tout autre regroupement d'individus réunis dans un but donné il faut un chiffre impair et trois est déjà de trop ! La vraie question étant celle des contre-pouvoirs parant aux dérives autoritaires.

Autre questionnement existentiel : Quelle décision de ma part provient-elle d'une réflexion libre, non déterminée ? De quels choix mon être dont nous venons d'analyser certaines fonctions est-il capable ? Des millions de pages, des milliers de publications scientifiques et philosophiques furent écrites, d'innombrables colloques et symposia réunissant chercheurs et intellectuels de toutes origines furent organisés pour gloser sur la part de liberté qui interviendrait dans nos décisions. Mystère que personne n'a pu trancher parce que la question ne se pose finalement pas dans les termes que nous lui attribuons. Déterminisme, hasard ou liberté ? Bien malin celle ou celui qui trouvera la clef de nos comportements. Depuis les expériences troublantes de Benjamin Libett en 1983 expliquées dans *Mind Time* suivies de celles de Soon en 2008 portant sur la neurologie de la décision qui accréditèrent le fait troublant que nos cerveaux pensaient tout seuls avant que nous nous en apercevions consciemment, la notion de libre arbitre prit un très gros coup sur la tête. Ces découvertes osaient montrer que nous pensions sans le savoir des centaines de millisecondes voire des secondes entières avant d'effectuer un geste ordonné consciemment, ne serait-ce que plier l'index de ma main droite ! Cette étrange situation d'une décision préconsciente rejoint le vécu des idées qui déboulent comme ça, à l'improviste, émergeant de nos cerveaux sans aucun effort de conceptualisation, comme issues de nulle part, parfois très ingénieuses, voire disruptives, à en surprendre son auteur involontaire. Elle confirme en pratique que la machine cérébrale fait bien son boulot sans me le dire pour me le montrer au dernier moment avec un petit sourire narquois.

Que ses passe-t-il donc dans nos boites crâniennes qui protègent un trésor de câblerie ? Nous fonctionnons probablement sur un mode à trois étages étroitement intriqués :

Un niveau primaire de transmission des informations que nos sens envoient à l'intégrateur cérébral via d'innombrables circuits nerveux disposés dans tout le corps, de mes orteils jusqu'à mes derniers cheveux.

Un niveau secondaire où le cerveau, sans bruit ni paroles, génèrerait puis classerait selon Dehaene des schémas issus d'un travail statistique biologique sur des sensations récupérées. Pour ce faire il créerait des cartographies composées des stimuli réceptionnés formant des images qui nous renseignent sur notre état personnel et sur celui du monde environnant qu'elles soient physiques, émotionnelles ou intellectuelles (l'auto-organisation encore au boulot jusqu'à produire des abstractions). Ces images seraient pour la plupart gardées en mémoire, certaines accumulées depuis des lustres qui pourraient être rappelés à la rescousse pour servir à la construction de la situation présente en les adaptant. La machinerie cérébrale en extrairait alors des programmes d'actions offrant des réponses automatiques à des stimuli. Voilà pourquoi je me retourne sans y penser quand on m'appelle dans la rue ou que mon rythme cardiaque accélère et ma pression artérielle augmente lorsque je me mets à courir à toutes jambes vers l'arrêt pour choper le bus qui me double. Décisions concrètes adaptées à la réalité.

Le niveau tertiaire serait celui de la conscience où ces cartes sélectionnées seraient vécues dans une appropriation qui ferait croire que c'est bien « je » c'est à dire moi qui pense, alors que leur mise en forme aurait déjà été effectuée par mon corps dans ses rapports entre les sens et l'encéphale sans que mon « je » soit associé au travail neuronal. C'est exactement ce que vécut Archimède s'écriant « *eurêka !* » à la sortie de son bain en découvrant l'idée lumineuse que « *tout corps plongé dans un fluide subit une poussée verticale du bas vers le haut égale au poids du liquide déplacé* ».

Une « consci*ence noyau* » selon Damasio émergerait ainsi grâce à la mise en cohérence des images, des cartes sus décrites entre le sujet et les objets qui l'entourent. Une fois reconnue par mon « je » conscient comme un signal qui s'allume, la conceptualisation serait actée et la décision réalisée matériellement ou intellectuellement ou bien refusée, le tout s'effectuant en un temps très court se comptant en millièmes de seconde. Telle émergerait ma liberté de penser et d'agir qui s'avèrerait plutôt correspondre à une autonomie de choix à partir de propositions inconscientes qu'à une création *de novo* de propositions et de décisions sans substrat biologique corporel. Aucune forme, aucune structure ne peut sortir de rien, émerger du néant. Il faut de la matière (principe statique) et de l'énergie (principe dynamique) pour faire un monde, deux éléments consubstantiels à l'être sans lesquels point de vie, entités que nous avons séparées pour tenter de comprendre l'Univers en les mesurant alors qu'elles ne font qu'un, non séparables.

Une fois le niveau de conscience atteint, le système fonctionnerait en rétroaction, comme nous l'avons constaté à tous les niveaux d'organisation du vivant. Des ordres seraient renvoyés par mon « *je* » conscient ayant pris connaissance des schémas proposés afin d'agir sur mon environnement et sur moi-même dans le but d'assurer une réponse adaptée au besoin d'être. L'état corporel dans lequel je me trouve en serait donc modifié pour accomplir la tâche physique, émotionnelle ou intellectuelle décidée. L'émergence de ce « *je* » agirait comme volonté consciente émise cette fois librement, sachant que toute volonté implique d'abord de définir un objectif à atteindre, puis nécessite une analyse de l'action à mener précédant la mise en œuvre adéquate des moyens à entreprendre ce dont est incapable une intelligence artificielle laissée à elle-même. Avez-vous déjà vu un ordinateur se dire qu'il peut et va gagner ou prévoir une action dans un but précis ?

La conscience, elle, permet de connaître à la fois par en dedans et par en dehors l'organisme biologique qui se bat pour survivre. Ce savoir provient de la création, du stockage puis de la projection des images cérébrales récoltées par nos sens. Une fois ces connaissances mémorisées, elles peuvent se lier à d'autres situations enregistrées assurant à l'individu un savoir croissant. Le raisonnement et ce qu'on appelle l'esprit sont issus de l'utilisation de ces images qui sont analysées et manipulées dans un processus logique de réflexion et de délibération. Un tel système permet ainsi d'anticiper, de se projeter dans l'avenir en gérant des situations nouvelles. La conscience fait que l'Homme perçoit non seulement des sensations et des sentiments, mais qu'il acquiert de la connaissance et s'analyse lui-même, savoir appris et travaillé signant la marque unique de chaque personne humaine. La conscience se différencie ainsi de l'instinct, réaction réflexe, automatique sans choix possible. Elle est capable de se sublimer en une volonté réfléchie jusqu'à s'opposer à ce qui semble déterminé, propre de l'Homme au plus haut degré qu'incarne l'emblématique résistance d'Antigone face à Créon dans la liberté qu'elle prend, bravant l'interdit en voulant donner une sépulture à son frère Polynice accusé de trahison. Et Damasio de conclure dans *L'Autre moi-même* que cette volonté consciente est à l'origine des cultures « *la conscience à longue portée, l'une des plus grandes réalisations du cerveau humain est l'un des aspects qui définit l'humanité. Elle est le processus cérébral qui nous a amenés là où nous sommes en termes de civilisation* ». La culture serait l'extrapolation d'une nature plantée de millions de graines poussant dans des sillons innombrables qui se rejoignent pour chanter *Le Jardin extraordinaire* cher à Trenet. L'Homme, cet être « cultivé », se détacha ainsi du déterminisme ambiant pour affirmer son autonomie, rompant avec le destin inconnu de l'Univers. Il prit sa liberté en se levant pour dire NON à la nature qui l'anime afin de la contraindre à respecter sa liberté d'être. Enthousiasmant et angoissant à la fois puisqu'une telle autonomie pourrait nous conduire au désastre d'un empoisonnement planétaire secondaire à notre inconséquence mêlée à notre avidité !

Une représentation mentale ne serait donc pas qu'une simple trace biologique conservée dans une aire cérébrale qui obéirait à un programme que l'on pourrait activer selon nos besoins, mais elle apparait bien comme une véritable dynamique de flux et d'auto-organisation produisant des informations de plus en plus imbriquées jusqu'à ce que le sujet se prenne lui-même comme « objet » selon les nécessités de l'évolution : Un regard sur soi, par soi, de l'Homme conscient d'être conscient grâce aux actions matérielles et immatérielles de son « corps-esprit global ».

Une telle hypothèse annoncerait-elle l'avènement de l'homme-machine ? Quelle différence dans les degrés de liberté y aurait-il à ce que ma conscience s'en aperçoive ou pas si mon corps-esprit global était capable de faire des choix aussi judicieux ni plus délirants lui-même ? Si j'étais effectivement une machine qui pense avant de le savoir, serait-ce une régression, une tare ? Aborder la question sous cet angle étroit semble éminemment frustrant. Laissons les déterministes jubiler à tort à la simple énonciation d'une telle interrogation. En effet, ce que j'appelle mon « corps-esprit global », mon être, serait bien capable d'initiative en toute liberté selon la masse et les recoupements d'influx qu'il reçoit de son environnement et de son propre système interne pour exister. Il construirait des options à partir de ses cartographies avant de me les montrer comme étant les miennes en toute conscience. Cela signifierait donc une certaine quantité d'autonomie dans l'accomplissement d'une décision clôturant les échanges moléculaires qui me font vivre alors que je ne la perçois pas encore. Rien de prévisible ni de déterminé dans ce fonctionnement très personnel d'un individu, car ce que j'appelle ma « conscience » serait au fond la vision plus ou moins claire de phénomènes biologiques engendrés par le complexe sens-cerveau-environnement dont j'effectuerais la synthèse. Quand je me dis que je pense et agis en toute liberté je ne suis donc pas dans l'illusion puisque ce sont bien mes propres atomes, mes cellules, mes organes qui interviennent dans la construction de mes analyses et des choix qui s'y rapportent.

En fait, nous nous encombrons les méninges à tourner autour du pot, car ce qui m'importe est moins de savoir que d'être. J'entends les cris d'orfraie des rationalistes anxieux refusant une vision qui pourrait s'apparenter à une négation des efforts entrepris par la pensée pour s'extraire de la pure émotion et des diktats religieux, mais mon corps dans son acception globale est beaucoup plus qu'une somme d'organes. Il est ce qui me construit chaque jour. Dois-je me lamenter, crier à la dissolution de la personne humaine dans un misérable système d'automates biologiques sans volonté donc sans choix possibles ? La réponse tient dans la question : bien sûr que non ! Mon corps est tout sauf un automate ; il opère des sélections que lui offre la manipulation en boucle des informations reçues pour se présenter tel un « sujet » de chair doté d'autonomie, c'est-à-dire capable de prendre des décisions à partir de données éparses sans trop faire d'erreurs au contraire de l'automate et de l'ordinateur, reproductibles à l'identique, non modulables par eux-mêmes dans leurs composants et sans volonté, n'agissant qu'avec les éléments qu'on leur offre. Ils ne savent ni renifler, ni anticiper, ni encore moins improviser. Ils ne peuvent aimer ou haïr et sont incapables d'être vertueux ou de tricher.

## La conscience animale

Si l'ordinateur est inconscient, fonctionnant par automatisme, les animaux eux ont des niveaux de conscience variés, mais ils agissent d'abord beaucoup à l'instinct : Les grands singes ont des comportements dont certains semblent stéréotypés comme les mimiques, les gestes pour l'épouillage, l'accouplement, les attitudes d'agression, de soumission, procédures pré-établies génétiquement et culturellement. Mais ils possèdent aussi des formes d'intelligence et des niveaux de conscience ou de proto conscience variés qui pourraient s'intégrer à des niveaux inférieurs de complexité de ce que nous observons chez l'homme. Par exemple, les chimpanzés possèdent une flexibilité mentale certaine jusqu'à tenir compte de l'état d'esprit de l'interlocuteur en usant de signaux sans paroles qui traduisent des capacités muettes de communication élaborée. Les bonobos peuvent apprendre des centaines de mots et faire des phrases élémentaires. S'agit-il d'une simple transposition de signes ? N'ayant pas de curiosité vis- à- vis des mots qu'ils retiennent au contraire du petit d'homme qui apprend spontanément à utiliser les mots pour raconter des histoires avant même de savoir lire et écrire, les singes ne sont pas doués pour la parole, car ils ne semblent porter aucun intérêt pour le mode d'expression des hommes. Mettez-vous à leur place : Que ferions-vous si un singe voulait vous apprendre à vous épouiller ou à sauter de branche en branche à vingt-cinq mètres de hauteur dans une canopée touffue pour échapper à un prédateur ?

Les grands singes possèdent aussi un sens social développé, comme s'ils avaient conscience de l'existence de l'autre : ils respectent la hiérarchie, sont tendres entre eux et ont des attitudes compassionnelles vis-à-vis des plus faibles. Ils s'organisent en patrouilles guerrières afin de défendre ou d'étendre leur territoire. Ils devinent ce qui se passe dans la tête d'un congénère, comme s'ils pouvaient se mettre à la place de l'autre ainsi que l'a montré Frans de Wall dans *Le Bonobo, Dieu et nous.* Mais ils sont loin d'être les seuls à agir avec intelligence : les corbeaux possèdent un grand cerveau au cortex très développé. Ils confectionnent des outils en tordant des brindilles pour fabriquer des hameçons. Pendant des mois ils cachent sur des surfaces immenses des milliers de graines qu'ils récupèrent sans se tromper. Ils mentent, faisant semblant de planquer de la nourriture sous des herbes pour tromper leurs congénères. « *Les corbeaux sont perspicaces, capables de raisonnement, d'anticipation, voire d'imagination du type pré-conscience. Y a- t-il pour autant une conscience au sens de « je pense que je fais, j'ai conscience que je fais* » s'interroge le neurologue Yves Agid dans *l'Homme subconscient.*

Les éléphants ont un gros cerveau de quatre kilos, avec un cortex cérébral volumineux qui compte environ dix milliards de neurones quand nous en comptons vingt dans le nôtre et six et demi chez le chimpanzé. Leurs neurones sont plus gros que ceux des primates, mais répartis de façon plus lâche, générant moins d'interactions au sein des connexions de sorte que le traitement des informations y serait moindre que chez les singes. Et pourtant les éléphants ont de nombreux points communs avec nous : une espérance de vie de l'ordre de soixante-dix ans et une longue période de dépendance auprès de la mère. Ils utilisent des branches comme outils, jettent des pierres pour éloigner les ennemis, manifestent des réactions d'empathie devant des congénères blessés. Ils s'aident à sortir d'un trou et tentent de remettre sur pied un des leurs trouvé mort avant de recouvrir son cadavre de feuilles. Les éléphants se rassurent par d'apaisantes embrassades avec leurs trompes, accompagnées de petits chuchotements du style *« Ne t'inquiète pas... je suis là, tout va bien »*. Leur mémoire n'est pas un mythe : ces grands animaux reconnaissent le cri de dizaines des leurs à de grandes distances et retrouvent des points d'eau éloignés de plusieurs kilomètres comme le précise l'éthologue Josuah Plotnik « *Ces capacités mentales, qui rapprochent d'une certaine manière les éléphants des hommes, entrent bien dans le cadre de ce que nous sommes convenus d'appeler la pré-conscience. Mais y a-t-il une conscience chez l'éléphant ? Certains considèrent que c'est le cas puisqu'ils peuvent se reconnaître dans une glace, en passant avec succès le « test du miroir. »*

Éminemment altruiste, organisé aussi bien génétiquement que culturellement pour prêter attention aux autres gratuitement, partageant un bien sans attendre de récompense, soutenant un faible, l'Homme donne le bras à l'aveugle qui traverse la rue, relève la vieille dame qui trébuche sur une marche, vole au secours d'un animal perdu et peut sacrifier sa vie en toute conscience au nom de valeurs qui le portent. Incontestablement, Il apparait comme le plus sociable des êtres vivants, mais lui seul au monde est capable de violer, de torturer, de tuer sans raison primaire de peur, de défense ou de faim. Sa violence inouïe peut être gratuite jusqu'à jouir du mal pour le mal.

Comment les antagonismes que sont le partage et l'égoïsme, l'amour et la haine ont-ils émergé dans l'inextricable réseau neuro-hormonal qui nous fait nous embrasser soit nous agresser ? Machines peu douées à l'origine comme nous l'avons évoqué, ayant réussi à dépasser un certain déterminisme génétique pour inventer des cultures dans une exceptionnelle profusion de genres, nous avons acquis la liberté de penser, de dire et de faire, tant en bien qu'en mal sans en référer à un être supérieur.

Depuis que notre ancêtre Toumaï il y a sept millions d'années arpentait le Tchad de son mètre de haut avec ses trente-cinq kilos, grâce à une autonomie acquise au fur et à mesure du développement exceptionnel de nos intelligences à multiples facettes, nous sommes devenus des êtres responsables, capables d'actions innovantes et imprévues dépassant les archétypes personnels, familiaux, sociaux, professionnels, artistiques, religieux et environnementaux qui balisent nos cheminements. Nous nous sommes extraits d'un univers naturel fortement déterminé tel que Spinoza l'envisageait en risquant nos vies dans des projets dont nous n'étions pas toujours capables de prévoir toutes les conséquences. Nous avons osé créer notre propre indétermination en devenant Homme. Si le langage oral puis écrit nous a grandement aidés à franchir ce pas décisif dans l'Évolution, dès sa naissance le nouveau-né détecte les informations qu'il perçoit de son propre corps, en les distinguant de celles qui proviennent de son environnement. La vision, l'ouïe, l'odorat, le goût, le toucher et la proprioception, modalité sensorielle de la perception de soi et de son corps, sont les sens dont nous avons vu qu'ils nous font devenir un être unique pensant, c'est-à-dire une personne. Sans eux point d'esprit, point d'idéaux, point de cultures ni de civilisations, point d'humanisme, de Parthénon, de Versailles, de Vacherin à la fraise ni de Château d'Yquem !

Vu sous cet angle l'opposition classique entre nature et culture semble bien désuète, mais elle a pourtant la vie dure, alors que la première engendre la seconde qui lui renvoie ses ordres pour la modifier, ré-entrées permanentes en boucles informationnelles. Quand un bébé porte sa main à sa joue, il fait l'expérience de soi en touchant son visage et en retour son visage sent sa propre main. À travers ce double toucher, cette sensation le fait devenir lui-même dans un rapport à son propre corps qui date d'avant sa naissance lorsque, fœtus, il commence à sucer son pouce dans le liquide amniotique. On parle de « *soi écologique* » au sens du corps en tant qu'entité distincte du monde extérieur, mais situé dans ce monde et agissant sur lui. Très tôt, le bébé manifeste ce sens dans ses comportements, bien avant qu'il ne se reconnaisse explicitement dans le miroir et ne sache parler ; mais le langage parlé puis écrit amplifia considérablement la puissance de domination de l'Homme sur les éléments. *Homo Sapiens* apparut, il y a près de trois cent mille ans parce qu'il fut d'abord un *Homo Loquor,* un être vivant qui inventa le langage articulé.

## Paroles, paroles, paroles…

Quand avons-nous historiquement commencé à parler ? Il y a cinquante milles ou deux millions d'années ? Les spécialistes qui fouillent la préhistoire ne s'accordent ni sur la date ni sur les raisons qui nous ont poussés à palabrer. Que pouvaient bien se raconter nos ancêtres des savanes et des forêts ? Des histoires de chasse, de femmes, de bouffe, de chicaia dans le clan, de conflit avec d'autres petits groupes, des histoires drôles, tristes ou salaces. Les étoiles filantes les paniquaient-ils comme les éclipses ? Pour avoir réellement conscience de soi, il faut reconnaitre l'autre, ce qui suppose des échanges interpersonnels en usant de moyens sophistiqués. Les animaux se transmettent des informations succinctes, mais essentielles à leur survie sous forme de cris et de chants correspondant à des situations ponctuelles ou à des états durables : peur, danger, faim, protection, désir, sexe, colère, satisfaction et autres éléments de la vie en groupe, mais ils ne parlent pas. Leurs signaux sont rustiques, sans nuances, procédant quasiment du tout ou rien sans comparaison avec la finesse des informations que nous échangeons, même si leurs sens sont souvent beaucoup plus affutés que les nôtres. Mais leurs systèmes de ré-entrées sont nettement moins sophistiqués.

En face d'un frelon, l'abeille libère des phéromones pour alerter la colonie et la poule crie pour alerter ses congénères dès qu'elle repère un renard. Les singes comme le Mone de Campbell d'Afrique de l'Ouest usent de sons différents selon les messages qu'ils veulent transmettre à la tribu. Les travaux des éthologues Ouattara et Zuberbühler révèlent que ces Mones émettent six types de cris d'alarme différents qu'ils combinent pour créer de longues séquences vocales de vingt-cinq cris successifs leur permettant de communiquer des informations sur leur vie sociale et sur les dangers qui les guettent. Par exemple le son « *Krak* » signifie la présence d'un léopard et le son « *Hok* » celle d'un aigle. Le petit singe boudeur perché sur sa branche sait donc immédiatement s'il doit lorgner vers la terre ou scruter le ciel pour parer au danger. Gain de temps appréciable pour se planquer, compte tenu de l'extrême rapidité réflexe des prédateurs, combiné à une économie notable d'énergie dépensée. Il sait aussi composer des phrases comme « *boom, boom, krakou, hokou, krakou* » qui signifie qu'un autre groupe de singes s'approche l'amenant à la vigilance. Plus étonnant encore, le respect d'un délai entre les phrases prononcées et les réponses attendues ressemble à un mode de conversation tel que nous le pratiquons au quotidien, forme la plus complexe de proto-syntaxe découverte chez une espèce non humaine, mais aucun animal ne chuchotera entre ses mains à son voisin « *Fais gaffe ! J'aperçois un léopard, là, à droite à trente mètres, qui nous regarde fixement, planqué derrière le grand baobab* ».

Les paléontologues pensent qu'Homo Ergaster, l'homme artisan, notre ancêtre il y a un million et demi d'années, parlait puisqu'il utilisait des outils élaborés. Or, inventer des instruments nécessite des échanges d'expériences et de modélisations au travers d'une communication faite de messages complexes jusqu'à élaborer une langue que les grands singes ne surent jamais développer. Les hypothèses foisonnent pour expliquer le pourquoi de la survenue de la phonation chez l'homme. Considérations anatomiques d'un pharynx bas situé en raison de la verticalisation du corps, augmentation du cerveau grâce à un meilleur apport en énergie secondaire à l'ingestion plus facile d'aliments cuits par le feu, ou encore phénomène social remplaçant l'épouillage des singes devenu difficile compte tenu du nombre croissant de membres à débarrasser de leurs puces. On a incriminé le gène FOXp2 dont l'absence se traduit par une impossibilité d'élocution et d'autres hypothèses qui ont parcouru les laboratoires de recherche. En fait, nul ne sait ce qui s'est réellement passé pour en arriver à déclamer sur une scène de théâtre, telle Hermione, la voix vibrante, vêtue d'une ample tunique rouge « *ma vengeance est perdue s'il ignore en mourant que c'est moi qui le tue* » (Andromaque, Jean Racine)

*Homo Ergaster* grommelait-il comme dans la Guerre du feu, s'exprimait-il en Pidgin ou composait-il déjà des phrases structurées pour discuter de la meilleure façon de tailler des silex ? Les quelques milliers de chasseurs-cueilleurs qui migrèrent de l'Est africain pour conquérir la Terre, marchant en petites tribus de quelques dizaines d'individus, utilisèrent sans doute les mêmes mots avant que l'humanité invente les six mille langues et les dizaines de milliers de dialectes recensés à ce jour. Dispersion générale des idiomes au fur et à mesure du temps, des conditions géo-climatiques, socio-culturelles, techniques matinées de traditions colportées par nos lointains parents. « *Toute la terre parlait une seule langue avec les mêmes mots. Comme ils étaient partis de l'orient, ils trouvèrent une plaine au pays de Schinear et y habitèrent. Ils se dirent : faisons des briques, et cuisons-les au feu. La brique leur servit de pierre, et le bitume leur servit de ciment. Ils dirent encore : bâtissons une ville avec une tour dont le sommet touche au ciel et donnons-lui un nom, afin que nous ne soyons pas dispersés à la surface de la Terre. L'Éternel descendit pour voir la ville et la tour que bâtissaient les hommes et dit : Voilà qu'ils forment un seul peuple et que tous parlent la même langue, maintenant avec tout ce qu'ils ont entrepris, rien ne les empêchera de faire tout ce qu'ils pourraient projeter. Alors ! descendons et confondons leur langage, afin qu'ils ne se comprennent plus les uns les autres* ». Ce récit de la Tour de Babel tiré du livre de la Genèse exprime la puissance phénoménale du verbe comme outil de communication et plus encore de domination qui aurait pu amener l'homme à tutoyer le Ciel, faisant craindre à Dieu un sérieux concurrent !

Les mêmes paléontologues nous confirment aussi qu'outils et langage sont étroitement imbriqués dans une histoire commune. On ne peut confectionner des instruments, bâtir des structures complexes comme une cathédrale, un aéroport, une fusée, une hiérarchie sociale et ses lois reconnues, sans échanger, sans parler, ne serait-ce que pour expérimenter ou modifier un projet technique ou civilisationnel aussi rudimentaire soit-il. Les animaux, dotés d'une incontestable intelligence, savent manipuler des matériaux qu'ils assemblent pour construire un nid avec des branches, monter une termitière avec de la terre et de la salive, équiper une ruche avec des alvéoles de cire ou attraper un bout de bois pour ramasser une banane hors de portée de main, mais aucun d'entre eux ne fut jamais capable d'inventer un outil aussi simple qu'une pierre coupante fixée à 90 degrés sur un manche, qu'une canne à pêche, un arc ou une sarbacane.

## Chanter, danser, jouer, peindre, sculpter… créer !

Autres langages, la musique et la danse qui l'accompagne permirent aux premiers êtres humains d'exprimer leur cohésion, de conjurer les dangers en chantant les bras levés vers le ciel, de fêter certains évènements collectifs joyeux ou tristes et de travailler en cadence. Soumis aux aléas d'une Nature pas si bonne que ça, ils cherchaient sans doute à échapper à leur sort dans des psalmodies lancinantes et des piétinements frénétiques dont nous percevons les reliquats lors des fêtes tribales avec la danse Zaouli en Côte d'Ivoire.

L'art musical fut l'un des premiers comportements culturels fait d'écoute, cette attention universellement partagée pour être à l'unisson des rythmes, mais impossible de savoir quand il apparut : seuls témoins, les instruments ayant produit des sons. Les rares études sur le sujet indiquent en se basant sur les mélodies des tribus encore isolées que les premières musiques provenaient de la voix accompagnée du corps pour battre les rythmes avec les mains, les pieds, le tronc, les cuisses. La percussion d'objets les uns contre les autres (morceaux de bois, pierres, troncs d'arbre, parois de grotte) aurait suivi ces proto-musiques avant que des instruments dédiés à la production de sons particuliers ne soient inventés. Les premières flutes faites d'os troués à intervalles réguliers découvertes en 2009 sur le site de Hohle Fels en Allemagne par l'équipe de Nicholas Conard datent de près de quarante mille ans. Elles témoignent déjà d'une intuition technologique de la production des sons. L'une est percée de cinq trous creusés dans un os de vautour fait vingt-deux centimètres, l'autre est taillée dans l'ivoire d'une corne de mammouth et la dernière ciselée dans un os de cygne. Des rhombes, système combinant un os percé relié à une liane qu'on faisait tournoyer au-dessus de sa tête servaient à produire un sifflement pour faire peur. Des racloirs en os de fémur, ancêtres du washboard des musiciens de jazz dixie, des sifflets faits d'un trou dans des phalanges, ancêtres de ceux qui scandent les marches dans les défilés de Sambas rythmaient les épisodes de la vie.

L'art pictural, au travers des fresques des cavernes dont les plus anciennes en Espagne datent de soixante-cinq mille ans, nous interroge : quels messages nos ancêtres voulaient-ils laisser comme ceux qui peignirent sur les murs de la grotte de Lascaux un bison éventré tenant encore debout sur ses pattes, l'intestin à l'air libre. À côté de l'animal blessé, un homme à tête d'oiseau, gît, le sexe en érection, comme endormi (l'érection spontanée est un phénomène du sommeil paradoxal) : chasseur accidenté ou chamane en transe près d'un oiseau monté sur un poteau, autre symbole ésotérique ?

Ailleurs, des mains reproduites sur la pierre comme des empreintes avec des doigts qui manquent, signes d'information tels que les utilisent les boschimans du Kalahari au Botswana qui s'expriment en langage muet avec leurs phalanges pour ne pas faire de bruit.

Les plus anciennes sculptures sont de petites figurines rudimentaires taillées dans la pierre ou des os, éléments de rituels qui assuraient des transactions avec des forces surnaturelles ou sociales. Certaines, comme celles du Roc-aux-Sorciers, dessinent des animaux sauvages probablement en représentation de l'alimentation des peuples de chasseurs-cueilleurs du magdalénien. La statuaire se développa sur tous les continents, la pierre se mit à raconter mille aventures, mille espoirs, autre langage muet. Teotihuacan, Angkor Vat ou Vézelay fixèrent pour toujours dans la matière les visions cosmiques des artistes tailleurs de pierre.

Ces manifestations personnelles et collectives sont spécifiquement humaines, aucun animal ne laissant de souvenir, de trace de soi. Les grands temples amérindiens et asiatiques, les pyramides égyptiennes, nos cathédrales expriment la qualité réflexive qui s'est emparée des neurones de nos ancêtres pour créer de tels monuments, cherchant sans doute l'immortalité au travers de la pierre indestructible pointant vers le ciel. Curieux retour aux sources de la matière mise en œuvre pour perpétuer la mémoire de ce que nos esprits ne peuvent pas garder en raison de leur durée limitée. L'inanimé au secours de l'animé, continuum d'être sans rupture de sens, la matière, gardienne de la mémoire du vivant. Belle revanche !

Au-delà de l'émergence de l'outil langage, des arts et des rites, Il fallait une sacrée dose de culot et d'orgueil pour vouloir transformer l'ordre du monde en contraignant la nature à ne plus agir à sa guise ? Nos ancêtres se sentaient-ils si mal en point pour s'aventurer en terre inconnue, espérant fuir les aléas géo-climatiques multiples dont ils étaient victimes, ou bien, au contraire, étaient-ils assez sûrs d'eux jusqu'à défier la puissance d'une nature capable des pires accidents de parcours osant enfreindre le cours d'une Évolution muette sur sa destinée ?

Comment s'y prirent-ils pour maitriser dans la mesure du possible l'environnement dans lequel ils évoluaient ? On connait à peu près la date de la domestication du feu, « *Sachez que c'est la foudre qui apporta le feu sur la terre, qu'elle est le foyer primitif de toutes les flammes dont nous jouissons.* » expliquait Lucrèce dans *De rerum natura* bien avant que s'accumulent les preuves de l'origine de la première transformation technologique magistrale qui bouleversa notre évolution d'hominidés. Rien à voir avec le mythe de Prométhée filant vers le soleil, une tige creuse de férule à la main, pour capter sa flamme avant de redescendre sur Terre offrir l'énergie sacrée aux humains. Des centaines d'os brûlés découverts dans la grotte de Swartkrans en Afrique du Sud suggèrent que l'homme utilisait le feu il y a un million et demi d'années, foyers partis des coups de foudre dans les savanes ; mais sa domestication en créant des étincelles par frottement entre deux morceaux de pierre dans des endroits aménagés comme à Menez Dregan dans le Finistère ne daterait que de quatre cent mille ans voire de huit cent mille selon les experts qui ont récemment fouillé un site au bord du Jourdain.

Suivront des inventions variées de plus en plus complexes, utiles ou rituelles, autres formes de langage, comme la première sépulture d'El Tabun, en Israël, datant de cent vingt mille ans : Moyen de communication et de perpétuation entre les morts et les vivants. Des bracelets et des colliers furent confectionnés dans des serres de rapaces il y a cent trente mille ans sur le site néandertalien de Krapina en Croatie témoignant déjà de capacités esthétiques poussées.

La domestication de la terre au moyen d'outils prouve que l'homme analysait les cycles naturels des plantes pour les faire pousser en des lieux dédiés. L'agriculture fut d'abord de subsistance avant de devenir production puis négoce. Le chasseur cueilleur se fatiguait sans doute moins que le nouvel agriculteur qui dut planter, surveiller, récolter, engranger, transformer. Plusieurs foyers dispersés émergèrent entre quatorze et cinq mille ans av. J.-C. au proche orient dans le croissant fertile, en Chine et en Corée, en Nouvelle-Guinée et aux Amériques du Nord, centrale et du sud. La figue serait le plus ancien des fruits cultivés sur les bords du Jourdain et dans la vallée de l'Euphrate.

Les premiers élevages d'herbivores apparurent en Mésopotamie il y a dix mille ans. Le premier araire, ancêtre de la charrue, fut construit il y a sept mille ans en Palestine, remplaçant le bâton à fouir des chasseurs cueilleurs. La première roue fut fabriquée en Europe centrale, et non à Sumer, il y trois mille cinq cents ans av. J.-C. Le premier moulin à eau, le Chadouf, irriguait les cultures au proche orient deux mille cinq cents ans av. J.-C.. Fier de ces objets créés pour maitriser la nature, l'homme ne cessera plus d'inventer des outils pour l'aider à accroitre son emprise sur le monde environnant. La réflexion remplaça peu à peu l'instinct comme l'explique Aristote « *Il ne sert a rien de posséder un outil aussi utile et plastique que la main si ce n'est pour s'en servir* ». Utiliser un organe de préhension aussi complexe nécessite une anticipation du résultat, une forme d'intelligence pratique. La main, avec son anatomie complexe faite de vingt-sept os, de vingt et un muscles, de tendons fléchisseurs et extenseurs et d'innombrables terminaisons sensorielles et notre système nerveux qui en active les mécanismes forment une machine d'une précision inégalée à gagner tous les concours de pétanques grâce notamment à l'opposition du pouce, innovation de génie. Mais qui formata l'autre ? La tête ou l'extrémité ? probablement une connivence de tous les instants, les progrès de l'une servant à l'autre qui lui renvoya sans cesse en boucle des possibilités accrues par effet d'entrainement dans la limite de ses capacités anatomiques et fonctionnelles qui elles-mêmes évoluèrent sous la double pression de la volonté d'être et de l'environnement

La folie créatrice s'empara progressivement sur deux millions d'années des cerveaux au volume croissant d'*Homo Ergaster*, d'*Habilis* puis *d'Homo Sapiens* de mieux en mieux nourris en apports énergétiques grâce notamment à la cuisson des aliments. Notre encéphale a en effet le plus grand besoin en combustible de tout l'organisme. Sans sucre pas de pensée, pas de philosophie, pas de science, pas d'art, pas d'amour. Le cerveau consomme en effet 20 % de l'énergie nécessaire à notre corps pour un volume d'à peine 2 % de notre masse, soit environ vingt Watts, la dépense d'une petite ampoule électrique. Organes gloutons dévoreurs de calories, le cerveau et le cervelet sont pourtant des structures anatomiques de très petit volume comparées aux monstrueux centres de calculs remplis de centaines d'ordinateurs à la consommation énergétique considérable en mégawatts dont l'échauffement problématique à conduit certains data centers à se délocaliser en Suède (Facebook) et en Finlande (Google) pour payer moins cher la réfrigération des machines. Les ordinateurs produisent finalement moins d'actions aussi variées dans des circonstances autant imprévues. Les règles logiques de l'intelligence artificielle passent à côté des règles implicites, des formes corporelles incarnées et des connexions sans langage, collectives et contextuelles qui caractérisent le vivant. Le cerveau est à l'évidence une machine à nulle autre pareille dans ses flux imprévisibles, non programmés.

La volonté d'être depuis ses manifestations guerrières jusqu'aux expressions artistiques les plus émouvantes, l'éclosion d'idéaux civilisationnels fédérateurs et de principes moraux qui en découlent, ne seraient-elle que l'aboutissement évolutif naturel d'un simple composé physico-chimique auto-organisé ? Le corps, affublé d'un système neurologique particulièrement développé lui permet d'exister au-delà de l'inerte, des plantes et de l'animalité sans rupture de nature puisque les éléments biologiques qui le composent restent identiques pour tous. Nous serions ainsi en présence d'un processus historique d'émergences successives, générant des niveaux de complexité croissante sans aller chercher ailleurs les idées de Platon, ni réduire nos être à deux composants séparés, l'un physique, l'autre spirituel chers au bon René Descartes.

Seul être vivant capable de penser son avenir, l'Homme n'eut de cesse d'élaborer d'innombrables tentatives d'explication à sa présence au monde au travers des cultures et des religions diverses, passeuses de messages de génération en génération. La mémoire des hommes préhistoriques était phénoménale pour connaitre à fond les recoins de leurs territoires, comme l'ont montré les ethnologues qui analysent les meurs des rares tribus isolées encore vivantes. Les transmissions orales favorisaient l'exercice de conservation des données ce qui permettait aux hommes de perpétuer des histoires, jamais écrites, toujours racontées, comme le dit le sage malien Amadou Ampaté Bà, « *En Afrique quand un vieillard meurt, c'est une bibliothèque qui brûle* ». On est loin des chauffeurs de VTC parisiens qui roulent les yeux fixés sur l'application

Waze sans jamais mémoriser le nom des rues qu'ils parcourent.

Dans une histoire toute récente eu égard à l'infinie durée du temps cosmique, les grands monothéismes initièrent leurs corpus théologiques par écrit, racontant une histoire de l'Homme, de ses origines jusqu'à sa destinée paradisiaque il y a moins de quatre mille ans. L'ennui vient de ce ces religions m'offrent des schémas d'explication du monde clef en main dont je ne peux pas discuter les prémices ni les conclusions. Elles sont décevantes dans leurs dogmes intouchables et la compassion n'est en rien leur propriété. Malgré ses errements, ses querelles de chiffonniers perlées d'anathèmes vengeurs, la pensée philosophique en revanche fit considérablement progresser la vision que nous avons de l'Homme dans sa quête vers plus d'autonomie et de liberté individuelle. Rien d'éthéré, rien d'absolu, rien de neutre dans la pensée, mais un ancrage dans le réel qui la fait émerger, boueuse ou limpide, torrentielle ou filet insipide. La philosophie ne recherche pas la vérité, incapable d'en établir les causalités. Modestement, elle s'intéresse au sens que nous pouvons donner à nos vies en confrontant des points de vue. Mais son immense mérite fut d'avoir placé l'individu au centre du jeu, rejetant le destin figé des castes temporelles et forçant l'ordre immuable des destinées religieuses. C'est à partir des approches philosophiques que l'égalité des droits fut promue. Avancée conceptuelle majeure concrétisée au dix-huitième siècle par la victoire de la pensée, reposant sur « les Lumières » de la raison. Reconnaissons-lui d'avoir fait germer la notion de respect de la *personne* dans la Déclaration des droits de l'homme et du citoyen du 26 août 1789 qui stipule que « *les hommes naissent et demeurent égaux en droit* », émergence d'une liberté individuelle détachée des ordres et des traditions que les treize États-Unis d'Amérique avaient conceptualisés plus de dix ans avant dans leur

Déclaration du 4 juillet 1776 votée à l'Independance Hall de Philadelphie « *Tous les hommes sont créés égaux* ».

La raison, cette faculté à formuler des jugements et à agir selon des principes reposant sur le discernement et la logique, explore le monde pour tenter d'en saisir les secrets. Elle met en forme les intuitions qui surgissent à n'importe quel moment de nos cerveaux, travailleurs infatigables qui ne sommeillent jamais. Grâce à elle nous en savons plus qu'auparavant sur l'Univers et sur nous-mêmes sans que ces avancées dans la connaissance nous rendent forcément plus sages. Malheureusement la raison comme unique méthode d'approche de l'être ne recouvre pas la totalité de qui nous sommes. Elle offre une vue partielle de l'intégralité du monde visible et invisible. En analysant l'Univers et ses habitants dans une démarche rationnelle et méthodique, nous omettons une grande part de ce qui nous y fait participer, car des phénomènes non modélisables sensoriels et infra-sensoriels qui défient nos entendements interviennent sans cesse pour modifier nos états. La raison est le cache-misère de notre incomplétude. Surmontant ce handicap congénital, les arguments philosophiques s'imposèrent, d'autant plus qu'ils reléguèrent la religion dans le domaine de la sphère personnelle et non plus dans celui de l'organisation du monde et de sa régulation sociale. De sujet d'un roi de droit divin, l'Homme s'inventa citoyen de la République. En détruisant brutalement une hiérarchie théocratique, il prit en main son destin sans en appeler à une divinité gérant les âmes, bien assise sur son trône, du haut de son gros nuage blanc. Mais il est toujours difficile et douloureux de se séparer de ses gris-gris. Deux ans avant le vote de la loi de séparation de l'Église et de l'État, la rocambolesque inauguration de la statue d'Ernest Renan en 1903 à Tréguier dans les Côtes d'Armor en présence d'Émile Combes, alors Président du Conseil, en fournit un témoignage concret : Le monument érigé à dessein place du Martray, face à la cathédrale Saint

Tugdual, fut perçu par les catholiques comme une inadmissible provocation. La cérémonie, ponctuée d'échanges de noms d'oiseaux aux cris de « *calotins* » ou « *d'églantinards* » selon le camp auquel les participants appartenaient, finit à coups de poings et de cannes dans un pugilat général. Pourquoi tant de bruit et de fureur à propos d'un bronze représentant le philosophe assis à côté d'Athéna, déesse de la pensée, debout levant le bras droit, une feuille de laurier tendue vers le ciel ? Parce qu'il s'agissait du symbole de la raison narguant la foi sur ses terres bretonnes, offense suprême de l'athée au croyant.

## L'art en renfort

Dans un autre registre de la perception du monde, l'approche sensible peut-elle participer à mieux nous comprendre ? L'artiste dérange l'ordre établi. Il l'apostrophe, le piétine jusqu'à lui cracher dessus. On quitte la raison pour l'expression d'un état qu'on ne peut dissimuler, pour la gestation d'une pulsion d'être qu'on ne peut refréner. Nul n'écrit, ne peint, ne sculpte, ou compose pour son petit plaisir à soi seul. On est artiste pour entrer en relation, déverser son mal-être ou clamer son bonheur. Détresse ou joie, l'art incarne une autre approche de la réalité, expérience de communication intime et fugace comme en musique lorsqu'un un orchestre joue des accords dont la globalité esthétique offre une sensation de beauté ou d'émotion autre que celle procurée par chaque son des musiciens pris isolément. Quelle alchimie fuse-t-elle entre les musiciens d'un Quintette, assis en demi-lune sur de mauvaises chaises, activant leurs squelettes, leurs muscles et leurs tendons, pour manipuler des objets en bois et en métal, les oreilles attentives aux ondes sonores qui frappent leurs tympans les yeux rivés les uns sur les autres, sans chef, sans Maestro. On observe à nouveau ici le phénomène déjà décrit d'émergence du son propre à l'orchestre au sein duquel chaque musicien, bien à sa place dans son engagement personnel, joue sa partition en même temps que la somme des sons produits par la totalité des instruments lui renvoie une sensation nouvelle, une plénitude qu'il ne peut créer seul. Boucle d'information qui le pousse à donner encore plus de lui-même, à se fondre, à s'oublier dans le supplément d'âme d'un résultat acoustique collectif unique. Moment rare d'un mélange de données purement physiques, décibels, tempi, timbres, hauteurs, harmonies faisant naitre une symphonie, étymologiquement « un son ensemble », qui ne sera jamais rejouée à l'identique en raison de la multiplicité des facteurs spatio-temporels et physico-psychiques du moment, non reproductibles. Toutefois ce phénomène d'émergence esthétique du son global de l'orchestre reste partielle puisqu'il existe un plan, une partition et derrière elle un compositeur. Aucune surprise à attendre du thème, il est écrit, programmé, prévisible. Quel violoniste, oserait-il jouer plus fort, plus vite, dans un autre ton, quel clarinettiste se lancerait-il dans un solo étourdissant de vélocité, quel violoncelliste entamerait-il la Marseille, Yesterday ou Viens poupoule, viens... en plein quintette en La Majeur de Mozart ?

Les points de couleurs d'un tableau de Signac ne veulent rien dire isolément ou mis dans le désordre. Leur alignement inventé par l'artiste transfigure leur utilité. Ainsi va l'émergence jusqu'à nous submerger dans l'émotion artistique.

## Vu d'ailleurs

À l'opposé des références occidentales sur fond de volonté de puissance et de domination du monde par l'esprit de raison, les traditions et sagesses orientales nous embarquent dans une approche cosmique globale inverse où l'individu cherche obstinément à rendre évanescents les sens qui l'animent pour s'en détacher, comme si ses sensations et ses pulsions l'exposaient au danger d'une dispersion de soi, d'un avilissement, d'une corruption. L'Homme dans cette vision asiatique et indienne n'est qu'une infime part d'un Cosmos qu'il doit respecter à tout prix sous peine de perturber l'ordre général créant un chaos dont il serait responsable avant d'en pâtir lui-même.

Bouddha en Inde, Lao Tseu et Confucius en Chine s'interrogèrent comme les philosophes occidentaux sur les notions d'être et de non-être, de plein et de vide, de matière et de néant, de la présence et de la vacuité des choses, mais pour tenter de pénétrer la réalité du monde ils empruntèrent d'autres voies, délaissant la raison raisonnante : L'homme oriental s'attache plus à la fusion de son être dans le cosmos qu'à la domination à tout prix de la nature qu'il craint. Conscient de sa fragilité, il compose avec l'univers, vénérant l'harmonie. Lao Tseu nous invite à placer notre cœur et notre esprit (les deux entités s'écrivent avec le même caractère chinois) dans la Voie de la nature, le Tao, en communiant avec les forces cosmiques. Suivre l'ordre de la nature sans le perturber, se libérer des contraintes pour chevaucher les nuages. Cultivant la spontanéité, défendant la liberté individuelle, refusant les désagréments de la vie sociale, le taoïste fuit la ville pour se retirer dans les montagnes en bon anarchiste sans explosifs qui rejette la société comme un cadre artificiel empêchant le naturel de s'exprimer. « *La nature fait les choses sans se presser, et pourtant tout est accompli* » explique-t-il serein. Il ne se fatigue pas à transformer le monde, la révolution l'ennuie. Inutile, transparent, sans idées préconçues ou opinions douteuses, ayant fait le vide en soi, le sage devient disponible en se laissant emporter comme une feuille dans le courant de la vie. Éloge de la paresse libératrice sans mon smartphone et ses bzzz-bzzz-bzzz à tout moment.

Ces deux courants de pensée, l'oriental comme l'occidental, firent chacun à sa manière une large place à l'impermanence, à l'entrechoquement des ondes, aux flux innombrables qui nous traversent de part en part, aux changements incessants de la nature donnant raison à Bouddha selon lequel « *Il n'existe rien de constant si ce n'est le changement* » sagesse que traduit Montaigne à sa façon « *Il n'y a aucune constante existence, ni de notre être, ni de celui des objets. Et nous, et notre jugement, et toutes choses mortelles vont coulant et roulant sans cesse* ».

Comme suggéré plus haut, en écoutant les astrophysiciens et les physiciens atomistes, la frontière s'estompe entre ces cultures dissemblables. Le scientifique qui veut savoir pourrait rejoindre le sage qui veut être. L'intensité de la raison mariée à la densité de la présence au monde, belle cérémonie ! Niels Bohr l'avait pressenti quand il inscrivit dans le blason de son Prix Nobel le cercle et les points blanc et noir du Yin et du Yang sous l'inscription « *Contraria sunt complementa* ». Chemins convergents d'esprits sans *a priori*, dégagés des dogmes et des chapelles, voix sincères qui cherchent à percer le mystère de la matière dont nous sommes composés. Chacun s'interroge sur sa place en usant des références qui sont les siennes. Chacun réfléchit à son rôle au sein d'un Univers à milliards de galaxies formées elles-mêmes de centaines de milliards de soleils invisibles qui disparaissent pour renaitre autrement, chacun d'entre nous est en fait un moment unique, non reproductible dans l'espace et le temps, constat qui nous amène à envisager l'absence de normalité humaine.

# CHAPITRE 5

## L'homme normal, y'a pas !

> Il y a quatre types idéals : le crétin, l'imbécile, le stupide et le fou. Le normal est le mélange équilibré des quatre.
>
> Umberto Eco, *Le pendule de Foucault*

La médecine capte les moyens les plus sophistiqués issus de toutes les branches de la science et des techniques pour corriger les défauts, réparer les blessures, combattre les maladies et les handicaps. Elle progresse à pas de géants : L'imagerie avec l'échographie, cet instrument à ultrasons qui remplace le stéthoscope en scrutant l'intérieur de mon corps, le scanner en trois dimensions et la résonnance magnétique nucléaire dynamique qui dessinent mes organes afin d'y découvrir des anomalies bien avant que les symptômes n'attirent l'attention transforment l'approche médicale des pathologies. Fin de la clinique et du bon docteur Knock, les maladies deviennent muettes, détectées à temps grâce à la visualisation des zones touchées par le mal dont on peut faire le tour. La biologie m'informe sur mon état intérieur en analysant ce que nous appelons dans le jargon médical les « constantes » qui, en fait, sont autant de variables évoluant dans le temps. En indiquant à l'instant T le niveau des multiples marqueurs qui témoignent de l'état du fonctionnement de mon corps, tel le taux de sucre ou de cholestérol dans le sang, celui des transaminases hépatiques, de la thyroxine, la vitesse de sédimentation, le nombre de globules, la biologie reflète les variations de mon état. Elle illumine les cadrans de la machine humaine et leurs aiguilles qui contrôlent minute après minute, seconde après seconde le fonctionnement de mes organes et de leurs multiples usines pour m'alerter lorsqu'un certain seuil est dépassé comme le font les ordinateurs programmés des traders à la bourse ; l'important étant de savoir à quel niveau positionner les callipers pour ne pas se faire peur inutilement ou passer à côté d'une alerte sérieuse. La génétique y ajoute sa marque en suspectant malgré ses limites déjà évoquées les risques encourus d'une pathologie x ou y. Elle participe aussi à prédire notre sensibilité particulière à un traitement, ouvrant la voie à la médecine personnalisée.

L'accroissement exponentiel des bases de données combiné au développement accéléré des algorithmes met à ma disposition un outil diagnostique de plus en plus sûr dans sa précision froide. La Food and Drug Administration américaine (FDA), qui n'est pas une rigolote, vient d'autoriser une intelligence artificielle à faire le diagnostic de rétinopathie chez les diabétiques sans plus besoin de la signature d'un toubib. Une IA couplée à une résonance magnétique nucléaire fait le diagnostic de schizophrénie avant que le neurologue n'en détecte les symptômes. Une autre IA est capable de repérer sur la radio des poumons affichée au négatoscope des lésions que les yeux du radiologue ne peuvent voir en raison d'un nombre insuffisant de niveaux de gris comparé à la machine. Le mélanome est suspecté par l'application Skin Vision sur mon smartphone en photographiant un bouton un peu noir sur ma peau. L'Université de Californie vient de publier la mise au point d'un algorithme auto-apprenant capable de faire le diagnostic de la maladie d'Alzheimer par un Petscan cérébral six ans avant l'apparition des premiers symptômes laissant espérer une action thérapeutique précoce avant que trop de neurones ne soient endommagés. À l'avenir la décision du choix d'un traitement et si besoin sa réalisation feront intervenir des machines numériques d'une efficacité toujours plus remarquable me dépossédant du savoir pour me laisser cultiver l'expérience et l'écoute. En effet, l'essentiel de mon métier de médecin et le plus émouvant reste l'art de la consultation, moment rare où le contact s'établit entre deux êtres, l'un qui souffre, l'autre qui l'accueille et l'écoute. D'abord ne rien dire, mais écouter, simplement entendre la plainte et ses à cotés même si cela prend du temps sans chercher à s'imposer au cours d'un échange qui touche au plus intime de l'autre. Bannir l'impolitesse de la sonnerie d'un téléphone et l'obstacle obscène d'un écran d'ordinateur sur le bureau où j'échange avec le malade. Prendre en charge, porter sur ses épaules l'être amoindri dans sa chair et son esprit, accompagner celui qui tombe, lui offrir une perspective, un chemin en le soutenant sans l'abandonner seul face à lui-même. Jamais la machine la plus élaborée ne sera capable d'une telle relation d'être à être. Imaginez la scène du malade qui converse avec son assistant vocal dernière génération, la machine imitant la voix suave de Scarlett Johansson comme dans le film Herr. Le malheureux s'entend dire « *Bonjour, après analyse de vos examens, vous avez bien un cancer de la prostate. Pour recevoir le compte rendu de votre biopsie : tapez 1. Pour choisir un traitement : tapez 2, pour accéder à un conseiller : tapez 3* ». Que fera le patient ? Il appuiera immédiatement, aussi paumé que fébrile, sur le bouton 3 pour entendre quelqu'un qui lui parle, avant même d'évoquer les options thérapeutiques et leurs conséquences, quelqu'un qui l'écoute, un médecin, un vrai tout de chair et d'os, qui respire, le regarde, le comprend, lui explique et lui tient la main. Lorsque l'intelligence artificielle lui expliquera qu'il a 90,1 % de chance de guérir en optant pour la chirurgie et 89,9 % en acceptant une irradiation, qui l'aidera à choisir ? Le médecin avec son expérience, bien sûr ! L'homme ou la femme de l'art et non plus de la science. Mais pour accéder à cette qualité humaniste, il importe dès aujourd'hui de radicalement transformer le cursus des études de médecine, bourrage de crâne insupportable ne répondant aucunement aux nécessités de la pratique. Malheureusement la morgue et l'entre-soi de certains universitaires notamment parisiens sont abyssaux. J'en sais quelque chose ! J'avais proposé à mon président d'université et à mon doyen de faire un cours « comment consulter » à nos étudiants, mais n'ai jamais reçu l'ombre d'une réponse de leur part. Or sans une remise complète en question de notre formation, les médecins seront demain des professionnels un tiers infirmier, un tiers technicien et un tiers empathique formés en quatre ans comme le subodore Kai-Fu Lee dans *AI super power*.

## M'augmenter, pour quoi faire ?

Le médecin aidé par ces progrès majeurs qui lui permettent de soigner se verra prochainement confronté à la pression croissante d'une demande de manipulations dans le seul but d'une augmentation de nos capacités intellectuelles et physiques. On passera de la légitime réparation d'un être malade à l'augmentation de l'Homme sain, tentation d'un toujours plus quantitatif sans autre idéal que la puissance physique ou cognitive brute. Vaste débat en gestation, qui pose la question de savoir précisément ce que signifie le mot « santé ». Si l'Organisation Mondiale de la Santé, l'OMS, indique qu'il s'agit d'un « *complet état de bien-être physique, psychique et social* », il faut alors admettre que nous sommes tous malades en permanence. Qui ose se vanter d'aller bien dans tous ces domaines à la fois ? On subit ses douleurs articulaires, ses glouglous intestinaux, ses maux de dents. On ne dort pas assez, on boit trop, on se cogne, on tombe, on a le spleen ou la rage, on se fait tout petit sous la pression d'un supérieur, on voudrait changer de poste, faire un autre métier. On se fait plaquer sans prévenir, les enfants me pompent, un horrible bouton pousse en plein milieu de mon menton, la banque me harcèle, le train est annulé, ma cravate est tachée, faut changer mes verres de lunettes, ma migraine revient, le rendez-vous tant attendu est reporté, bref ! Faut-pas se mentir, on va mal à chaque instant ou presque ! La définition de l'OMS est gentille, écrite par des bisounours sans rien formuler de concret tant il est vrai que la recherche systématique d'un consensus n'a jamais favorisé les définitions les plus pertinentes. Si donc, nous ne sommes jamais vraiment sains, voilà de quoi donner des ailes aux partisans du transhumanisme qui triomphent : Puisqu'il n'y a pas d'Homme normal, comme « *il n'y a pas d'amour heureux* » chantait Brassens, alors augmentons-nous !

L'Homme normal, horreur, ou idéal ? Impossible d'en élaborer une définition puisque nous sommes tous différents, anomaux, oui sans normalité, nous sommes tous des A-normaux. Comme l'écrivait sans détour Joseph de Maistre dans *Considérations pour la France* : « *Il n'y a point d'homme dans le monde. J'ai vu dans ma vie des Français, des Italiens, des Russes, etc. Je sais même, grâce à Montesquieu, qu'on peut être persan. Mais quant à l'homme, je déclare ne l'avoir rencontré dans ma vie. S'il existe, c'est bien à mon insu* ». Sans environnement, sans contexte, sans appartenance ni culture, point d'homme. L'Homme moyen, une illusion : ah ! le bel athlète, et les écarts-types ? On oublie les extrêmes, on normalise, on banalise.

Georges Canguilhem explique dans *Le normal et le pathologique* que la normalité en santé consiste justement à s'éloigner de la norme, sans dommage. Elle est un état d'équilibre qui compense les variations et autres désordres qui se manifestent dans nos corps. Quel serait le monde sans nos différences, sans la joie et le sourire, sans la douleur, l'angoisse et le chagrin ? Qui n'a pas échangé, partagé avec des hommes, des femmes, des enfants défaits, meurtris, perdus, dans ces moments poignants jusqu'aux larmes, ne peut comprendre ? Qui n'a pas soi-même vécu ces meurtrissures physiques et psychologiques qui le grandissent ou l'écrasent ne peut l'entendre. Les derniers moments de vie sont les plus intenses en communion humaine. L'Homme normal, le mauvais rêve d'une société avachie, mais au bénéfice de qui ?

Alors que nous savons diagnostiquer un état de maladie ou de mal-être, nous restons bien incapables de nous définir exactement quand tout semble aller bien. Aussi dissemblables que possible dans nos comportements même si nombre d'entre eux s'avèrent prévisibles, quelle norme décréterait notre état de bonne santé ? La confusion entre santé et bonheur bat son plein inondant les magazines et les réseaux sociaux. On peut être malade et heureux quand même, tout dépend du point de vue où l'on place son anormalité personnelle. L'handicapé, le vieillard ne sont pas moins Homme que moi. Ils pourraient même l'être plus, leurs manques et leur fragilité les rendant souvent hautement réceptifs aux autres alors que leur état pourrait les anéantir. Le dépressif, l'alcoolique ou le drogué peuvent atteindre des sommets de tendresse et de créativité comme le prouvent les pages, les musiques, les peintures et sculptures travaillées par des mains tremblantes et sorties de cerveaux meurtris, déchirés. Beethoven, totalement sourd lors de la première de la Neuvième Symphonie le 7 mai 1824 au Kärnertortheater à Vienne, continuait de battre la mesure alors que l'Hymne à la Joie avait pris fin. Quoi de pire pour un compositeur de ne pouvoir entendre sa musique ! Le bossu, le nain, le trisomique, le mélancolique, l'épileptique, le faible d'esprit ne sont-ils pas plus présents au monde dans une relation de partage exceptionnel que nombre de quidams qui croient se porter bien ne font que s'étioler dans une normalité émolliente saupoudrée de modes impersonnelles. Société du paraitre, de l'Instagram et du like qui les rabougrit subrepticement. Les voilà qui se regroupent en communautés via Facebook pour satisfaire leurs petits égos, passant leur temps à se rassurer entre eux au gré des algorithmes facilitateurs. Tous pareils, pas d'inquiétude, on se renifle, on se cajole, on se congratule, on est entre soi sans risque de déplaire, à débiner les autres comme ces journalistes de la foireuse Ligue du LOL déversant leur fiel sans retenue, de vrais enchainés dans la caverne de Platon à qui décidément j'en veux beaucoup, mais n'est-ce pas d'abord de sa faute ?

Votre mémoire flanche ? Qu'à cela ne tienne ! Un petit coup d'électricité dans l'hippocampe cérébral et tout ira mieux. Vous récupérerez 15 % des mots que vous cherchiez au prix d'efforts surhumains. Merci docteur !

Vous voulez porter deux cents kilos ? Faites pousser vos muscles en modifiant votre génome avec les ciseaux moléculaires Jumbo Joe, avant de vous le réinjecter dans l'avant-bras.

Voir la nuit ? Achetez des rétines Night and Day, la meilleure marque de rétines artificielles à infrarouges actuellement sur le marché. Prenez rendez-vous chez votre ophtalmo pour qu'il les implante… dans un an ! La deuxième paire pour un euro de plus, comme chez Afflelou.

L'Homme en kit à monter soi-même façon Ikea en lisant avec attention la notice, dans un leasing de matériels en tous genres qui évoluent selon la mode du moment, tel se dessinerait notre avenir ? Horreur ! malheur ! Le plus gros marché avec ceux de la bouffe et du sexe. Des milliards à se faire en vendant n'importe quoi à n'importe quel gogo qui voudrait rester dans le circuit avec ses « amis ». L'argent maître, concentré dans quelques centrales de distribution planétaires qui vous indiquent quoi acheter puisque les autres l'ont déjà fait. Bienvenue au pays d'Amazon et d'Ali Baba. « *Panurge, sans aultre chose dire, jette en pleine mer son mouton criant et bêlant. Tous les aultres moutons crians et bêlant en pareille intonation commencèrent soy jecter et saulter en mer après à la file. La foule estoit à qui premier y saulteroit après leur compaignon* » nous raconte Rabelais dans le *Quart Livre*. Mon confrère avait décidément tout compris ! Et pourtant j'avoue acheter mes livres sur les plateformes pour les télécharger sur ma tablette Kindle, si pratique !

Les adeptes de ces manipulations hasardeuses provoquent le débat en arguant du fait que nous serions déjà augmentés : ils prennent la vaccination en exemple, mais l'activation de nos défenses immunitaires par l'injection d'un germe à la dangerosité atténuée ne change pas mon état. Il ne s'agit que d'une activation d'un processus parfaitement naturel qui me protège des ennemis extérieurs. Je reste le même individu, maître de lui-même.

Le pacemaker qui vous maintient un rythme cardiaque optimal alors que votre palpitant battait la breloque à vous faire tomber par terre, n'est-il pas une augmentation ? Bien évidement non, il s'agit d'une réparation licite comme les prothèses orthopédiques, les lunettes, les appareils auditifs, le patch pour diabétiques et autres implants ou objets connectés, oh combien utiles !

Et la chirurgie esthétique ? Mais qui se fait opérer quand elle ou il se trouve beau ou accepte son vieillissement. C'est le manque, une part de mal-être qui vous pousse à l'opération. On reste là dans le domaine de la réparation licite d'un défaut, même si un phénomène de mode joue incontestablement, comme au Brésil où des milliers de femmes, brebis de Panurge, courent chez le chirurgien pour subir l'implantation de prothèses mammaires avant d'exhiber leurs attributs gonflés comme des airbags sur le sable des plages de Copacabana. Pauvres Barbies qui claquent leur fric sans la moindre once d'esprit critique, vivant dans le paraitre pour éviter de se frotter à l'être.

L'utilisation de la pilule bleue, le Viagra, élément thérapeutique d'une souffrance rend un grand service aux impuissants. Mais pourquoi avalerais-je ce produit à me faire mal au crâne si je bande comme un gorille ? Minable gloriole narcissique de mecs qui ne cessent de mesurer la longueur de leur pénis : Homo erectus, aller ! couché !

Donc l'homme normal, y-a pas ! Génétiquement et épi génétiquement nous sommes des êtres uniques malgré quelques ressemblances anatomiques et comportementales avec une tête, un tronc, quatre membres, à peu près la même taille et un sexe, mais des couleurs de peau, des langues et des manies différentes. Les zèbres qui galopent dans la savane portent des rayures noires et blanches sur leur flanc droit qui ne copient pas celles qui ornent leur flanc gauche et chaque animal possède sa marque de rayures, son code-barre personnel. La totale similitude et une tare alors que la différence, sublimant son stade de simple variation, s'érige en qualité primordiale. Quand les blés sont génétiquement tous les mêmes, la Fusariose ou le Chardon ravagent l'intégralité des épis sans leur laisser le moindre espoir d'échapper à la mort, la récolte est foutue. La puissance d'être passe donc par l'anormalité, par le dissemblable de sept milliards et demi d'individus originaux non reproductibles à l'identique qui bouffent, baisent, travaillent, collaborent ou se battent, font de la gymnastique, jouent à la belote, aiment, prient, chantent et dansent avant de mourir larguant leurs atomes à la dérive un peu partout.

L'augmentation transhumaniste a en ligne de mire la perfection, dont acte ! Mais que signifie être parfait ? La perfection est une, qualité divine virtuelle et inaccessible ; elle ne se divise pas puisqu'elle atteint le sommet vers lequel tout converge. Elle est une singularité, un point ultime. Embarqués dans une telle recherche de perfection nous serions donc amenés à devenir tous pareils physiquement et psychiquement. Alors pourquoi tant de monde sur Terre ? Cauchemar de nous retrouver tous de la même taille, du même poids, avec les mêmes visages, la même couleur de cheveux, de peau et d'yeux, mais qui les définira ? La même longueur de pénis (les vantards apprécieront !) Bref, tous semblables dans un choix de perfection désolante de régularité. A voir défiler les mannequins dans les défilés de mode, aucun ne me donne le frisson, tous à déambuler avant de se retourner lentement, l'air détaché, dans des contorsions savamment étudiées pour esquisser un sourire made in Dior. Personne ne marche ainsi, menton relevé, hanches roulantes, un pied devant l'autre posé sur la même ligne à en tomber par terre sans entrainement sauf Stéphane Bern déambulant dans les châteaux en se frottant les mains. Moi j'aime les nez de travers, les paupières qui tombent et les cheveux au vent.

Effet secondaire nocif et rédhibitoire du projet, la perfection engendre la monotonie. Il faut de l'imperfection dans le monde, physique et psychique, il faut des choix et des goûts, donc des différences. Il faut des erreurs et des drames pour connaitre la joie. À vouloir s'extraire de nos sens pour éviter nos passions et rejoindre l'unicité de formes nous perdrions en densité d'être. Même si j'apprécie nombre de principes qui expriment les pensées indiennes et asiatiques, le Nirvana n'est pas trop pour moi. J'ai besoin de m'éclater plus que de me restreindre. Question de gènes, de sensations, de culture, de folie !

# CHAPITRE 6

## Le progrès à la trappe

> Chaque progrès donne un espoir suspendu à la solution d'une nouvelle difficulté. Le dossier n'est jamais clos.
>
> Claude Levy Strauss, *Le cru et le cuit*

Quelles valeurs communes nous rassemblent pour nous désigner en tant qu'humains ? Le respect de la personne, la compassion, la tolérance des différences, le soutien aux faibles, la non-violence, le pardon, l'harmonie avec la nature, toutes notions qui terrassent les haines ancestrales, le racisme rampant ou affiché, la pollution croissante, les conflits religieux et la jalousie ambiante. La liste n'est pas close des qualités et défauts proprement humains.

Dépassant les obscurantismes, les violences des conquêtes pour s'approprier les sources d'énergie, refrénant les tentations pour assoir un régime autoritaire, les rêves hégémoniques pour créer un empire nous nous orientons lentement mais surement vers un « plus être » commun. L'Histoire est là pour confirmer la diffusion de ces idéaux fédérateurs capables d'endiguer les tentatives de soumission brutale et d'écrasement des individus. La liberté progresse qui ne cesse de contrecarrer les privations individuelles, familiales et les interdits sociétaux, religieux et politiques d'un bout à l'autre de la planète.

*Progressus,* « marche en avant », un mot aujourd'hui raillé, renié, oublié, évoque comme une quête d'absolu dans la connaissance en vue de comprendre le monde. Ce concept est tout récent : il apparut dans la vision humaniste du seizième siècle qui refusa la notion d'âge d'or pour décrire l'antiquité et voulut repenser l'Homme à l'aune de la raison et de la science. Montaigne le définit comme une « *transformation vers le mieux* ». Jusque-là, de l'orient à l'occident, nul ne pensait l'histoire en termes de devenir. Le monde était immuable et l'Homme participait aux cycles de la vie, sujet à l'espoir d'un Paradis. On ne changeait pas de statut familial et social, les castes maintenaient l'ordre, la religion vendait ses indulgences pour espérer le Ciel. Il fallut que Roger Bacon au treizième siècle s'esclaffe « *aucun discours ne peut donner de certitude, tout repose sur l'expérience* » pour prendre la mesure d'un éventuel progrès. Le philosophe signifiait un mieux possible par l'apprentissage plus que par le dogme, démarche louable qui s'incarna au Siècle des Lumières dans la folle idée que l'humanité n'était pas figée, que l'Homme était perfectible, qu'il pouvait et devait prendre son destin en main. L'Histoire ne se résumait plus en une succession de phases qui se répètent. Elle devint le processus par lequel l'humanité allait vers un mieux-être.

L'Encyclopédie ou *Dictionnaire raisonné des sciences, des arts et des métiers,* éditée entre 1751 et 1772 sous la direction de Diderot et d'Alembert, traite de 71869 articles écrits par les savants et penseurs afin d'aborder tous les domaines connus de l'époque. Par la publication de cette œuvre magistrale, les Encyclopédistes voulurent montrer que la nature était de mieux en mieux comprise. Ils firent part du progrès en rappelant que la production augmentait et que la situation matérielle des individus s'améliorait. La civilisation européenne gagna du terrain en promouvant des rapports sociaux fondés sur la raison et la reconnaissance de la personne et non plus sur l'arbitraire. Les lois remplacèrent les décrets autoritaires et les lettres de cachet des gouvernants. Cette amélioration dans les rapports sociaux en occident et ce progrès général de la condition humaine tinrent à la fois des avancées scientifiques, techniques, économiques et juridiques sous-tendues par la réflexion philosophique.

Dans son essai *Idée d'une histoire universelle d'un point de vue cosmopolitique* Kant pensait qu'une telle amélioration n'était pas due au hasard. L'histoire aurait un sens voulu par la nature. En créant l'homme faible et vulnérable du point de vue physique, elle le forçait à développer ses capacités intellectuelles comme nous l'avons évoqué. En faisant l'homme égoïste et cupide, l'Histoire le forçait à entrer en compétition avec ses semblables et à réguler ce chaos par des lois. C'est par une « *insociable sociabilité* » que les individus auraient sublimé leur égoïsme en le disciplinant dans une concurrence dont tout le monde profiterait. Ce challenge entre individus entrainerait la formation d'États dotés d'une législation rationnelle et se poursuivrait sur le plan international pour aboutir à une législation entre les États eux-mêmes. La finalité de l'Histoire répondrait donc à l'idéal d'une paix universelle et d'un développement indéfini des capacités humaines. Piketty dans *Le Capital au XXIe siècle* a beau démontrer que le capitalisme contemporain est devenu une machine infernale de rentiers pour lesquels les profits financiers comptent davantage que l'investissement productif, aucun autre système économique n'a jamais pu rivaliser avec lui. Le Communisme est mort de son égalitarisme à la petite semaine au profit d'une Nomenklatura sanguinaire, sourde et aveugle qui décima la Russie soviétique, la Chine maoïste et le Cambodge de Pol Pot à dizaines de millions de morts. Les socialismes sont embourbés dans leur indigence programmatique, incapables de dépasser leurs sempiternelles contradictions sur le rôle de l'argent ; ils ne font plus rêver les foules. Les écolâtres affolent le monde. Les nationalistes et les traditionnalistes, égarés de la globalisation dont la force de gravitation augmente, hurlent au retour à « comme avant », inévitable mouvement de balancier traduisant le désarroi du monde. Les transitions sont toujours brouillonnes, cherchant les éléments fondateurs d'un nouvel ordre qui risque fort d'être conduit par la Chine tant que nous resterons englués dans nos vieilles lunes. Qui saura impulser l'énergie nécessaire à une reconquête du bon sens, à un projet qui fédère les femmes et hommes de bonne volonté ? Le moment est pourtant venu de conduire sans la main qui tremble la mutation indispensable d'un capitalisme confronté au débordement de son succès par ses tares insupportables vers des pratiques plus efficientes strictement dévolues au bien et au respect de la personne dans tous les aspects de sa vie. Parole de curé ! Slogan démago ! Facile à dire ironiseront mes amis économistes et sociologues. Le modèle de développement basé sur la seule croissance faisant fi de l'explosion de la pollution humaine est absurde, mais sans croissance point de redistribution. La question est donc posée de savoir si nous saurons adopter de nouveaux modes de comportements plus harmonieux qui nous permettent de vivre ensemble sans dégrader la nature ni altérer nos conditions de vie.

## L'Europe à la croisée des chemins

Liberté, Égalité, Fraternité, les trois mots magiques de la devise républicaine affichés à l'encre noire sur les murs de nos bâtiments publics seraient-ils passés de mode, devenus ringards ?

On aimerait que la liberté ne s'efface pas dans la normalisation de nos comportements sous la pression d'une opinion qui s'alimente de faits divers insignifiants et ne résonne que d'émotions vulgaires et sans recul. Saupoudrez-la d'un précautionnisme délétère, ajoutez-y un zeste de puritanisme ambiant et une pincée d'égalitarisme à la petite semaine, faites revenir à feu doux, puis reposez le tout avant de le servir frais : résultat « *Pouah ! Quelle tambouille insipide d'une France paumée qui ne sait plus où elle va* ».

On voudrait que l'égalité ne s'enferme pas dans la seule jalousie de ce que possède le voisin : réponse du militant Insoumis « *Oh, le fumier ! il a une plus grosse bagnole que moi* ».

On rêve que la fraternité ne laisse pas crever en pleine mer les migrants sur des pneumatiques de fortune : constat de l'encarté au Rassemblement National « *Bof, des blacks et des rebeus... n'avaient qu'à rester chez eux, non de non !* »

Où l'humanisme s'est-il planqué ? Que devient cette Europe des Lumières, qui fut le « *symbole de la rébellion contre l'autorité* » comme le rappelle David Deutsch dans *Le Commencement de l'infini* ? Elle s'essouffle, repue de gras, assistée à ne plus pouvoir faire un pas en avant, endettée jusqu'au cou et incapable d'aligner des entreprises numériques de taille mondiale quand le futur se construit sur les deux rives du pacifique entre Asie et États-Unis, puis demain en Afrique et non plus sur les bords du Tibre, de la Seine, du Rhin ou de la Tamise ? Et pourtant de Gaulle avait lancé le Plan Calcul en 1966 pour assoir l'indépendance numérique de la France. Giscard d'Estaing le fermera en 1975 en raison des querelles intestines entre les chercheurs. Jacques Chirac et Gerhardt Schroeder reprirent le flambeau en 2005 lançant Quaero, un site qui devait concurrencer Google. Nouvelles bisbilles entre ingénieurs allemands et français, le projet fut enterré cinq ans plus tard. Vivons-nous la fin de parcours d'une civilisation occidentale européenne blanche de tradition judéo-chrétienne en déclin irréversible ? Nouvelle Rome en déroute, affalée dans le laisser-aller le stupre et le « *Moi Je* » avant de disparaitre sous les coups de boutoir des soi-disant barbares américains, chinois et africains, ou simple crise de confiance temporaire ? Je n'ose répondre !

La suprématie civilisationnelle appartient toujours aux peuples les plus audacieux et industrieux. Les Hottentots, les Boschimans et les Pygmées ont des modes de vie passionnants à analyser, mais leurs cultures n'ont jamais inondé la planète de leurs idéaux. Ce sont les échanges, le commerce et l'industrie qui par les richesses engrangées font les civilisations. Ce sont eux qui irriguent les canaux d'où la pensée, les techniques et les arts fleurissent et se répandent. L'absence d'un projet politique d'envergure des États européens intégrant l'économie numérique à centaines de milliards d'euros en dit long sur notre incapacité à évoluer ensemble.

En 2050, la planète comptera près de dix milliards d'Hommes, dont trois milliards d'asiatiques, un milliard six cents millions d'Indiens, deux milliards et demi d'Africains dont un sur deux aura moins de vingt-cinq ans et un milliard quatre cents millions d'Américains nord et sud. Que pèserons-nous avec nos cinq cents millions d'Européens dont moins d'un sur deux seulement travaillera quand 35 % auront plus de soixante ans face à des hommes et des femmes qui, ailleurs, ont toute l'intelligence requise, la jeunesse et surtout la volonté chevillée au corps de vivre mieux, alors que nous nous prélassons dans des siestes de retraités pépères, avant d'aller taquiner le bouchon à l'ombre des platanes, un verre de Pastis dans le nez. Le Nigéria sera le troisième pays du monde en terme démographique, le Pakistan, le Bangladesh, l'Éthiopie, l'Indonésie et la République Démocratique du Congo explosent de vitalité. Demain, le monde ne sera plus dominé par l'homme blanc, mieux vaut être prévenus. Nous régressons sans même nous en inquiéter : est-ce grave docteur ? Avec un taux de natalité de 1,6 l'Europe s'enfonce dans la perte de ses capacités, Alzheimer démographique pré agonique ou simple accident vasculaire cérébral transitoire ?

Dans le domaine aussi stratégique que celui de la course à l'armement en intelligence artificielle et en robotique, l'Europe a perdu une bataille. Peut-elle renverser le cours des choses et gagner la guerre ou au moins revenir dans la course à la maitrise numérique ? Ou bien s'enfoncera-t-elle encore plus bas dans le marasme d'un déclin irrémédiable ? On évoque dans les cercles de décision et les think-tanks franchouillards branchés le rôle futur des blockchains dans lesquels excellents nos ingénieurs comme si Américains et chinois ne s'y intéressaient pas ! Comment retenir les chercheurs dans ces domaines cruciaux pour garder notre indépendance, comment favoriser l'émergence d'entreprises de taille mondiales dans le champ de l'IA et de la robotique qui se frottent à leurs concurrentes américaines et aux Chinoises ? L'universalité d'une culture européenne et chrétienne en référence planétaire autoproclamée promue par un homme blanc camouflant ses ambitions marchandes et guerrières impérialistes sous les oripeaux d'une mission évangélisatrice a bien vécu. Le glaive et le goupillon, c'est fini, n-i ni-ni. Le silicium et l'IA mènent le monde. Nous nous sommes endormis et le réveil sera brutal ! « *Hélas ! Hélas ! qu'il est terrible de savoir quand le savoir ne sert de rien à celui qui le possède* » gémissait déjà Tirésias n'osant pas révéler à Œdipe qu'il venait de tuer Laïos, son père (Œdipe roi, Sophocle)

**Connaitre son avenir !!!**

Hors d'une adhésion personnelle à un schéma global proposé par les dogmes laïcs ou religieux, force est de reconnaitre le caractère inaccessible des causes qui ont rendu possible l'incroyable destinée de l'Homme, cet animal prévu nulle part, sorti dont on ne sait vraiment où, pour aboutir à un imprévisible moi, vous, nous ! Faut-il s'en plaindre, en maugréant de ne pouvoir élucider notre propre mystère, ou faut-il se réjouir de ne pas savoir ? À l'évidence il serait insupportable de connaître l'intégralité de nos devenirs personnels. À quoi bon vivre si c'est pour apprendre que je suis destiné à me faire écraser par un camion en traversant la rue demain matin à 9h32, égorger par un fiché S à une terrasse de café le 27 avril prochain, finir terrassé par un infarctus du myocarde en pleine copulation joyeuse une belle nuit d'été le 10 juillet 2031 (là, passe encore !) ou gâtifier dans un EHPAD sordide en 2040, cherchant désespérément sous le lit mes pantoufles que j'ai aux pieds.

C'est l'inconnu qui me sauve de l'angoisse et me motive chaque matin, car ne sachant pas, je me libère, je rêve, je projette, quittant le réel pour flirter avec l'impossible hors des entraves du temps et de l'espace. Si je savais d'avance ce qui pourrait m'arriver, pourquoi me fatiguerais-je à agir, tentant de forcer le destin de mes petits poings rageurs ? Vivre n'est-ce pas d'abord cultiver cette densité d'être dans l'instant irréductible à un simple calendrier qui en effacerait la saveur comme la gravité ? Pourquoi dépenserais-je tant énergie si c'est uniquement pour réaliser ce qui est écrit. L'improvisation balayée, l'irrégularité gommée, la responsabilité diluée, la personnalité annihilée. Ne pas savoir pour soi ce que sera demain, mais saisir et sentir ce qui me fait aimer aujourd'hui, apaisement suprême !

La remarque vaut tout autant pour le devenir collectif. Si je connaissais déjà les finalistes de la coupe du monde de football 2022, pourquoi m'astreindrais-je à sélectionner une équipe à millions d'euros pour ne pas être sur le podium ? Si j'avais la certitude que la France deviendra une dictature fascisante en 2022, pourquoi manifesterais-je sur le pavé pour dire Non, trois fois Non, Non, Non, à me faire cogner par des ultras. Il faut une part d'inconnue pour oser, ne pas tout calculer pour avancer, ne pas tout normer pour être.

Même bafouée par des illuminés au nom de croyance aveugles, même étouffée par des meurtriers psychopathes et des dictateurs bipolaires, une conscience mondiale s'est levée à la suite de la création du tribunal de Nuremberg, prélude à la Cour Pénale Internationale jugeant des crimes contre l'humanité. L'Organisation des Nations Unies née en 1945 sur les décombres du plus grand conflit armé qu'ait connu la planète, intervient comme elle le peut avec ses Casques Bleus pour tenter de maintenir l'ordre. Il existe aujourd'hui des références inaltérables et inaliénables qui guident les individus sociaux que nous sommes. Depuis près de soixante-quinze ans, aucune guerre n'a déchiré le pays comme auparavant. La Der des Ders suivie vingt ans plus tard par les atrocités nazies ont profondément marqué nos parents entrainant dans une réaction humaniste la création d'une Europe de la paix résumée dans la déclaration de Robert Schuman en mai 1950. Et maintenant, quel idéal nous ferait nous défoncer, quelle noble cause nous amènerait à nous transcender ? L'Europe fout le camp à toutes jambes, minée par les populismes, incapable de se doter d'un véritable pouvoir sur la scène internationale. Bouffer Vegan, faire du Tai-Chi, manifester avec Greenpeace, militer aux Colibris avec Zaz ? Tristes tropismes !

Ce n'est pas le hasard qui nous amène à nous entendre et à collaborer, mais nos structures biologiques qui sont à l'origine de notre esprit collaboratif, tels les neurones miroirs de notre encéphale, décrits par Rizzolatti en 1996 contredisant la thèse de Kant d'une sociabilité obligée par nos faiblesses congénitales. Ces neurones miroirs nous font entrer en relation sans cesse, communiquer en permanence, nous imiter toujours, comme les bébés dans leur crèche qui se mettent tous à chialer à l'unisson des pleurs de l'un d'entre eux sans autre raison que de le voir et l'entendre sangloter. Les neurones miroir sont la marque ancestrale de la vie qui est communion. Seul, l'Homme ne peut vivre. Robinson Crusoé, naufragé sur son ile, trouva vendredi le « bon nègre » pour tenir le coup. C'est le groupe, la communauté qui nous portent. C'est l'altruisme qui l'emporte sur la haine, car il serait impossible de vivre en opposition systématique entre nous. Comment imaginer que je me batte sans cesse avec ma compagne, mes enfants, mes parents, mes voisins, mes collaborateurs ? Peut-être avec la pervenche ou l'inspecteur des impôts, et encore !

Il suffit de voir comment nous nous comportons : On ne cesse de communiquer, cherchant à nous relier, à nous toucher. Lorsqu'on se rencontre, les mêmes interpellations se répètent : « *Comment vas-tu, et les enfants ? Ta mère est-t-elle mieux ? Oh, dis-moi, tu pètes le feu ! Mais, tu me sembles fatigué ? Comme tu as maigri !* » on s'embrasse, on se serre dans les bras, on se tient les coudes. On ne cherche pas à échanger pour se faire mal, on ne se donne pas rendez-vous pour se tirer dessus de plus belle comme dans les westerns, avançant à pas lents, les yeux rivés sur l'adversaire, la main sur le colt au milieu d'une rue déserte bordée de maisons en bois aux volets clos. Que deviendrait la vie au quotidien s'il fallait cogner avec un gourdin sur son voisin du matin au soir ? Bouddha dans son discours sur la bonté, le Metta Suttra dit « *Que tous les êtres, sans exception, les faibles comme les forts, les gros comme les grands, les moyens, les petits, les grossiers ; qu'ils soient visibles ou invisibles, proches ou lointains, déjà nés ou encore à naître, que tous soient heureux.*

*Envers n'importe qui et dans n'importe circonstance ne jamais tromper ni mépriser. Dans la haine ou la colère, ne jamais souhaiter de mal à autrui* ». Aristote dans *l'Éthique à Nicomaque* surenchérit en une phrase « *le bien, c'est la fin où tendent tous les êtres* », paroles que Jésus ne reniera pas lorsque, quatre siècles plus tard, il dit à ses disciples dans l'Evangile de Jean : « *aimez-vous les uns les autres comme je vous ai aimé* ».

Finalement, Fiodor Dostoïevski résumera le primat de la sociabilité poussée à l'extrême dans L'idiot « *La compassion est la loi fondamentale et peut-être l'unique loi de l'existence de tout le genre humain* ».

Ainsi va le monde dans la permanence des rares idéaux qui débordent la variété des cultures et aplanissent le tumulte des passions pour nous laisser nous embrasser. Nous sommes faits pour vivre ensemble en nous aimant, depuis la cohésion entre les particules élémentaires, la complémentarité entre les cellules de nos organes, les connexions personnelles entre les individus et les regroupements en communautés humaines. L'Homme, l'être vivant le plus mal équipé de la nature, sut dépasser son handicap congénital pour atteindre l'ineffable d'une relation intime faite de partages. Chapeau l'artiste !

## La science amorale

S'il s'agit de nous dire pourquoi nous sommes là et ce que nous avons à y faire, la science n'est pas le bon interlocuteur ! Elle scrute, décortique l'univers et ses composants physiques, biologiques, psychiques, économiques et sociétaux pas à pas, dans une démarche critique incessante, remettant en cause jour après jour les hypothèses émises la veille. Elle cherche à percer le comment, sans posséder les moyens d'une mise en perspective de nos êtres dans leur essence comme dans leur durée, ni de se préoccuper du bien ni du mal ! Avons-nous enfin compris après l'avoir rêvé, que le savoir scientifique n'était définitivement pas un vecteur de plus de sagesse ? Il contribue seulement à nous éclairer sur le fonctionnement de l'Univers et de la machine humaine, assoiffés que nous sommes d'en savoir plus dans l'espoir secret de conjurer la mort, cette issue nécessaire à toute évolution.

Disparaitre, phase indispensable à l'adaptation des êtres vivants pour laisser la place à d'autres mutants que nous devrions célébrer sans pleurs, alors que des enragés ignorant ce qu'est la vie, armés d'une panoplie de gadgets numériques et génomiques en tous genres nous font miroiter l'immortalité, cet ennui absolu. Sans le temps qui m'est compté, le désir s'estompe puisque je peux tout faire sans me presser, ni avoir à choisir comme l'âne de Buridan. Rester le même indéfiniment pendant que l'Univers évolue serait le pire des supplices à m'infliger : Transposez Cro-Magnon de sa caverne au terminal Roissy 2 F : Panique absolue de notre respectable ancêtre habitué aux grandes forêts devant ces étranges oiseaux bruyants qui volent avec des ailes fixes, ces foules habillées de couleurs différentes qui parlent des langues incompréhensibles, marchent les pieds dans des bouts de toile ou de cuir, toutes occupées à trainer des petits paquets à roulette, guidées par des voix sorties de nulle part, avant de poser leurs pieds sur des marches qui montent toutes seules pour passer résignées et quasi à poil au travers de portes creuses qui font bip avant de finir à la queue leu leu dans un tube de métal en s'accrochant à un siège trop étroit ! Hallucination garantie et retour en urgence de notre pauvre ancêtre au pléistocène pour y reprendre son souffle et retrouver ses marques.

Finalement, de quel côté que je regarde, de quelles références dont je m'imprègne, qu'il s'agisse des religions et des mythes aux certitudes prémâchées, des philosophies aux réponses incertaines, des données scientifiques froides aux hypothèses contradictoires et changeantes, je ne trouve pas ce qui me fait vivre, ce qui m'entraine, ce qui me pousse à être dans le respect des autres. J'admets comme le disait Jacques Monod que « *La nature n'est ni morale ni immorale. Elle est radieusement, glorieusement, amorale* ». Pour tenter de comprendre l'Évolution il nous manque cruellement une théorie des interactions entre les systèmes biologiques qui façonnent nos corps, ainsi qu'entre les individus que nous sommes. Alors, dans ce monde en pleine déconstruction avant que n'émergent de nouveaux idéaux fédérateurs, je cherche un regard, une main tendue, un baiser, dans l'indicible d'une présence sans un mot.

# CHAPITRE 7

## Un monde en friche…

Le succès est un mauvais professeur, il pousse les gens intelligents à croire qu'ils sont infaillibles.

Bill Gates, interview

La mutation colossale que génère l'économie numérique abat les barrières, déstabilise les hiérarchies, bouleverse l'ordre établi de nos vieilles sociétés. À terme, elle pourrait rendre quasi caduc le rôle des états débordés par ces entreprises mondiales qui s'abstraient des frontières. Elle remet en question les valeurs sur lesquelles reposent nos civilisations, notamment la tradition européenne judéo-chrétienne de liberté et de respect des droits de l'homme, tant ses techniques intrusives pénètrent jusque dans nos intimités sans frapper à la porte ! Le citoyen de la République ne se repère plus dans le dédale d'informations, de soi-disant messages et d'objets connectés dont l'utilité suit la pente inverse de leur nombre. Il se fourvoie tout autant dans les décrets, circulaires et arrêtés publiés à la chaine par une administration aux abois cherchant frileusement à se prémunir de tous risques. Pris entre les feux d'une règlementation pointilleuse générée par une centralisation accrue du pouvoir et les dérives de l'anarchie numérique planétaire, le citoyen vacille sans plus savoir pourquoi il est là, ni où il va. Désemparé, il se rebelle, enfile un gilet jaune et vient battre la semelle aux ronds-points des angoisses et des frustrations aspirant à des nouvelles fraternités. Le sens de sa vie n'est plus guidé par des croisades, des sacrifices à la patrie, ou toute autre cause perçue comme noble et digne de se dévouer pour laquelle il risquerait de se mettre en danger personnellement. Les paperasses encombrent son bureau et son smartphone l'inonde d'informations qui n'en sont pas, messages aussi futiles qu'encombrants. Ils ficellent l'individu comme s'il apparaissait incapable de réfléchir et d'agir en responsable. Plus les citoyens gagnent en éducation et en autonomie, plus la tutelle les contraint dans un carcan réglementaire désuet les prenant pour des tricheurs incultes et mal élevés alors que les alarmes invérifiées et les délires de l'opinion les assaillent. Collaborer au travers de projets fédérateurs embarquant les individus vers plus d'attention à l'autre n'est pas à l'ordre du jour dans cette course effrénée à l'augmentation de la consommation. La révolte actuelle en est l'expression criante qui émerge dans l'occupation des carrefours pour ralentir les flux marchants et de communication. Dans le même temps, les vendeurs de rêve digitaux s'en donnent à cœur joie nous poussant à acheter n'importe quoi, n'importe quand pour n'importe quel usage. Que penser et que faire coincer entre un vieux monde administratif tatillon et la facilité à communiquer d'un bout à l'autre de la planète en un clic ? L'ère numérique nous donne l'impression que tout est possible et accessible dans la seconde, débordant le cadre traditionnel qui nous confinait dans un univers réduit au village, à la paroisse, à l'usine, au bureau et aux quelques dizaines de relations contractées en famille, au travail ou lors des loisirs. Un monde rassurant s'écroule sous la pression accélérée des données accumulées moulinées par des algorithmes secrets qui nous dament le pion en calculant plus vite sur beaucoup plus d'items que nos cerveaux ne peuvent le faire. Plus inquiétant, la déstructuration intellectuelle des individus est en marche. Les internautes n'ont pas conscience que les algorithmes des plateformes qu'ils utilisent les poussent systématiquement vers ce qu'ils veulent et vers ceux qui leur ressemblent. La critique s'est évanouie, KO à ramener au vestiaire du nouvel univers marchand sans limites. Pire, des études récentes analysant nos comportements cognitifs pointent du doigt les dégâts causés par cette soi-disant capacité de nos cerveaux à devenir « multitâches ». Comme l'ont montré les cogniticiens Gloria Mark et Jean Philippe Lachaux, l'ordinateur, la tablette et le smartphone peuvent nous rendent fous avant de finir idiots. À force de zapper d'un mail à un tweet, d'un téléphone à des cookies tout en travaillant dans des open spaces destructeurs d'intimité, le burn-out n'a jamais été diagnostiqué aussi fréquemment. Nos encéphales explosent d'une surchauffe numérique malsaine car nous ne sommes pas adaptés à gérer autant d'informations différentes en même temps. Contrairement à la dangereuse opinion ambiante nous ne sommes pas « multitâches ». Descartes avait déjà pointé du doigt une telle dérive en nous rappelant que « *Les idées s'empêchent l'une l'autre, d'où vient qu'on ne peut être fort attentif à plusieurs choses en même temps* ». En effet, le cerveau sélectionne ce qui lui est utile et prioritaire. On ne peut donc pas lire un SMS sur son smartphone et conduire sans risque puisque l'attention ne se divise pas. Fausse urgence de l'immédiat que n'arrange en rien l'installation de baby-foots dans les entreprises pour soi-disant décompresser.

Au nom de quels principes et à quelle fin les maîtres de la nouvelle économie destinent-ils leurs biberons numériques dont nous cherchons les tétines sucrées comme des bébés affamés, chaque jour, chaque minute, chaque seconde, exutoires de nos manques et de nos angoisses ? Cent cinquante milliards d'emails sont échangés par jour dans le monde par plus de trois milliards d'hommes et de femmes et plus d'un milliard de photos sont postées par vingt-quatre heures sur Facebook qui les scanne en moins de deux secondes, mais pour quoi faire ? S'aimer plus, partager, compatir ? Non pas ! Simplement enrichir ces entreprises planétaires. Faudra-t-il s'arrêter de cliquer sur nos souris pour nous retrouver physiquement, sans aller rechercher ces « amis » qui n'en sont pas, simples relations rapides médiées par des algorithmes à la puissance plus ? On Like, on Tweete, on Instagram, on Snapchat, on Whats'ap, toujours plus excités de contacts superficiels, plus accros que devant les machines à sous des casinos pour engraisser les opérateurs en leur livrant notre intimité sans y prêter attention. Business magistral et indolore ? Plutôt « *buzzness* » de prédateurs masqués qui nous transforment en esclaves consentants, shootés à la dopamine pour gagner toujours plus de connexions. Je suis moi-même rentré dans le jeu et le confesse modestement, reconnaissant à certains de ces outils un intérêt comme Skype ou Linkedin qui me permettent d'échanger lors de conférences à distance ou professionnellement. J'avoue aussi tweeter, car s'astreindre à rédiger des messages en quelques lignes m'amuse. Mais, quand emportée par ses dernières lubies, la sorcière Facebook a voulu choper les données des comptes bancaires de ses abonnés et celles des hôpitaux du monde entier, j'ai fermé immédiatement mon compte et en suis bien heureux, débarrassé de ces posts qui encombraient mes pages sans plus d'intérêt que d'étaler nos petites vies médiocres en s'exhibant devant tout le monde. Jusqu'où la firme de Mark Zuckerberg s'introduira-t-elle dans l'intimité de nos vies ? Paracelse savait que « *tout est poison, rien n'est poison, seule la dose fait le poison* ». Aujourd'hui, des louches d'informations ou disons de messages remplissent les marmites bouillantes des plateformistes mondiaux pour d'abord servir leurs business model en nous faisant miroiter les bénéfices discutables que nous pourrions tirer de nos connexions quasi instantanées. On nous drogue lentement mais surement, goutte à goutte, clic après clic, et nous en redemandons percevant douloureusement les symptômes du moindre manque lorsque nos écrans tombent en panne.

Grisés par ces joujoux numériques que nous avons créés et manipulons chaque jour, tous plus efficaces et plus précis dans leurs interventions pour ne pas dire dans leur fouille à corps virtuelle de nos êtres, nous laisserons-nous piéger dans cette aventure à haut risque pour l'humanité ? Finirons-nous en tas de cellules et d'organes augmentés, à la solde de quelques démiurges ? Allons-nous perdre nos capacités de concentration, réduits à l'état de poupées flasques et dociles au service de quelques géants du commerce planétaire qui nous mèneront par le bout du nez où ils veulent et quand ils le veulent ?

L'explosion des capacités des ordinateurs, l'accumulation inouïe des datas sur tout et tout le monde, la puissance galopante de l'intelligence artificielle et de la robotique nous exposent à un affadissement mortifère dans un mol contentement de nous-mêmes. Le risque serait peut-être moins la puissance galopante des machines, que notre étiolement neuronal qui pourrait nous ramener à l'état de larve remuant lentement nos anneaux avant de tomber dans un trou sans fond. Pour tenir notre rang, nous devrons impérativement occuper nos neurones à d'autres activités en optimisant celles qui nous sont propres telles la critique, la créativité, la collaboration et la compassion, toutes actions sous-tendues par la communication. La plasticité cérébrale est à double sens, gare à la chute !

Faut-il frapper à la porte de la nouvelle secte des connectés à tout va, rien que pour en être afin de ne pas paraitre idiot ou vieux jeu ? Foi digitale, missels en tablette, messes en pitch, chasubles en mylar, sermons en Python, cantiques de synthèse, mise en scène en 3D sur l'autel du dieu Octet régnant sur le nouveau Paradis numérique. Créateur robotisé tout puissant escorté par des grands prêtres holographiques assistés de thuriféraires humanoïdes balançant des encensoirs virtuels jusqu'à lire dans les volutes de leur fumée artificielle les dates de leurs futures trouvailles ; 2040, la singularité…je n'en crois rien. 2060, l'émotion…Ah ! bon ? 2100… ?????? Nous pourrons demain garder nos vidéo-enregistrements et toutes nos données pour réapparaitre en hologrammes une fois morts, continuant à palabrer avec les vivants après avoir téléchargé notre cerveau dans le Grand Cloud dont rêvent les post-humanistes malades d'eux-mêmes à refuser le mot « *FIN* » du film de la vie.

Le monde numérique s'intéresse d'abord aux calculs, à la reconnaissance des formes, à la parole et à la simulation, mais aujourd'hui il déborde sur la reproduction et sur l'augmentation de nos capacités physiques et cognitives. Aucun domaine n'échappe à ses enlacements de silicium qui nous perturbent dans une réalité virtuelle à chanceler, portant un casque à vous envoyer dans ces mondes ignorés des repères habituels. Univers froid auquel il manque l'essentiel, les connexions naturelles infinitésimales qui m'inventent ! Les calculateurs et les objets connectés n'ont pas d'émotion, ils ne vivent pas. Nous aimons des objets, il nous arrive même d'être tristes s'ils disparaissent, sont volés, tombent en panne ou se cassent. Qui n'a jamais pleuré en cherchant désespérément sous doudou avant de s'endormir ? Les émotions ont une nature biologique qui est notre substance, notre matière. Elles nous animent. Sans ces éléments de communication qui me relient aux autres, je n'existerais pas. Mes organes fonctionnent en serviteurs économes, silencieux et zélés, travaillant les uns avec les autres tout en étant connectés au monde environnant pour me permettre de vivre dans un subtil équilibre que je ne contrôle quasiment pas consciemment. Je suis sans m'en rendre compte un prodige d'ingénierie recevant et renvoyant des signaux que m'adressent chaque fraction de seconde mes cellules reliées entre elles et au milieu dans lequel je vis au cours d'échanges aussi proches qu'éloignés. J'existe au-delà de moi-même. Si mes empreintes digitales et mon ADN signent une certaine identité, ma peau n'est pas ma limite. Né d'atomes venus des étoiles, comment me réduirais-je à un être fini, clos de murs ? La chaleur que je dégage m'enveloppe d'un nuage de plusieurs centimètres d'épaisseur comme le visualisent les thermographes qui colorient les degrés de température observés autour de ma peau. Des ondes me font rentrer en contact avec les autres avant même de leur serrer la main. Je vibre et j'irradie du grouillement moléculaire sidéral. Je suis vivant au-delà de mon anatomie parce que j'interagis.

Afin de répondre aux manques générés par les maladies et les traumatismes nous acceptons d'utiliser des outils et des systèmes qui redressent nos défauts et réparent nos blessures : fabriques de rétines artificielles, implants cochléaires, systèmes bioélectroniques qui détectent les odeurs, les progrès s'accélèrent pour servir les handicapés. Qui oserait interdire ces recherches vers le bien-être lorsque nos corps naissent malformés ou se désagrègent ? On affine le toucher, on s'intéresse au goût. Des mains bioniques assurent la préhension, des jambes inertes connectées vous font marcher, vos yeux commandent des robots pour vous servir alors que vous êtes paralysé. Un cœur artificiel bat dans la poitrine d'un insuffisant cardiaque, le pancréas artificiel est en évaluation et le rein bionique implantable ne saurait tarder. L'utérus et peut-être le foie, les poumons et tout le reste de ce qui me compose suivront. Rien d'impossible clament les ingénieurs, juste le temps de comprendre puis d'investir le fric nécessaire pour imiter avant de dépasser l'original. Plus difficile à faire qu'à dire, mais jamais la médecine n'a connu de telles innovations dans le remplacement des organes qui rendent tant service à celles et ceux qui ont perdu le leur. De là à augmenter mes propriétés alors que je ne souffre pas d'un manque il y a un grand pas que je refuse de franchir. Lire et calculer plus vite, retenir plus d'informations, mais dans quel but ? Sauter plus haut, courir plus vite, porter des charges plus lourdes ou me gonfler de souvenirs, et alors ? Chercher la perfection est la pire des aliénations comme déjà dit. La quantité ne m'intéresse pas, passez votre chemin messieurs les marchands de rêves électroniques ; c'est la qualité, la profondeur d'être à laquelle j'aspire. Vos objets connectés me rendent esclave, car c'est vous qui les contrôlerez une fois implantés dans mon corps, ou les hackers qui les perturberont à qui mieux mieux pour m'astreindre à leur bon vouloir. Je ne veux pas de vos colliers à m'user la peau comme le chien de La Fontaine.

## Curieux monde

Asphyxié par une nuée de messages dont une fraction infime est des informations réelles, l'honnête homme en sait plus sur un drame vécu à dix mille kilomètres de chez lui que sur la dépression de sa voisine. L'employé subit le délitement des liens dans l'entreprise ou il passe le tiers de son temps, réduit au stade d'un simple effecteur docile de process dans un système vide de sens comme le dénoncent avec talent Julia de Funès et Nicolas Bouzou dans *La Comédie (in) humaine*. L'administration le submerge de documents abscons, la banque le harcèle de documents inutiles. L'assureur en rajoute, l'inondant de publicités déguisées. Il ne fait plus un pas sans être suivi, filmé, épié, traqué jusque dans sa consommation d'électricité. Jamais il n'a fallu passer au travers d'autant de portillons ni présenter aussi souvent une pièce d'identité à l'entrée de la moindre entreprise, du moindre lieu public.

Outre ce flicage pénible que l'hypersécurité post-attentats ne suffit pas à expliquer, on observe une perte abyssale dans le respect de celles et ceux qui consacrent leur vie à tenter de comprendre et expliquer le monde puisque les forums sur internet et les blogueurs ont réponse à tout. L'opinion, cette putain qui roule des fesses devant le premier passant venu a réponse à tout sans aucune retenue. On palabre, on ratiocine d'un bout à l'autre de la planète sans jamais s'asseoir au pied d'un arbre pour analyser la pertinence de nos minables élucubrations ; et pourtant l'ombre aide tant à réfléchir sous la douceur de sa fraicheur.

Pendant ce temps, le politique aux promesses non tenues se noie dans les méandres d'une démocratie affaiblie qui n'offre plus aucun rêve à réaliser. En Europe, nous avons tout acquis : alimentation, éducation, soins, sécurité et liberté. Pourquoi nous fatiguer à en vouloir plus, sédentaires qui trainons nos carcasses engraissées sans autre but que de durer ? Disparus les enjeux vitaux, les choix existentiels, les combats politiques pour la liberté. On s'effiloche, plongés dans un tissu social décomposé. On abandonne la rue à des enfoirés cagoulés qui s'acharnent à casser du flic et des vitrines sans autre motif que de détruire. On subit l'ébranlement des attaches socio-familiales soumises aux aléas des séparations douloureuses. Le mariage n'est plus qu'un vulgaire marché à robes blanches pour jouer à la princesse d'un jour. On loue son corps le temps d'une grossesse. On chosifie l'être, nouvelle marchandise bientôt cotée au Nasdaq.

Que reste-t-il des grands défis, des moments historiques partagés, les assauts des bastilles, les débarquements sous la mitraille, les embrassades sur les places de la liberté ? Au nom de quel idéal me sacrifierais-je ? Le système médiatico-politique a refermé la porte en endormant les bisounours que nous sommes devenus, suçant notre pouce sans plus croire à la Fée Clochette. Alors on se distrait comme on peut devant nos écrans ou dans des concerts géants à lever les bras en cadence comme des moutons. On brûle des centaines de bagnoles la nuit du Premier de l'an. On manifeste contre les pesticides, la vaccination, le Levothyrox, contre tout et rien puisqu'il n'y a plus personne en qui croire, plus à espérer, à faire rêver les foules. On se shoote à qui mieux mieux aux coins des rues, on mate du porno tout seul sur son smartphone. On cherche l'âme sœur ou le bon plan cul d'un soir sur les sites de rencontres. Triste état de l'individu, ce Monsieur ou Madame « *Moi, Je* » sans plus de raison de se donner corps et âme à une cause qui l'entraine, le porte, le dépasse en le promouvant. On végète, on est plat, laminés par le déferlement de l'insignifiance. Les troquets, les bars et bistros du coin disparaissent. Ils étaient cinq cents milles au début du siècle, deux cent mille il y a encore cinquante ans Les voilà réduits à trente-cinq mille aujourd'hui. Les églises ne draguent plus que des vieilles femmes à cheveux blancs tentant de régler leurs sonotones siffleurs pour écouter un curé mobile qui arpente ses paroisses vides en Renault Clio. On se retrouve entre deux bouchées au journal de 13h avec Pernaut à humer cette France locale, chez les autres. Le soir on s'abrutit à suivre Koh Lanta ou Hanouna. On instrumentalise des gamines et des gamins à faire la grève de l'école les envoyant bêler sur le pavé « Non au réchauffement climatique » dont on sait qu'il est de toutes les façons inéluctable à long terme. Pseudo croisade de la nouvelle secte planétaire au nom d'une écolâtrie totalitaire. Mais en 2020, qui me fera empoigner ma pelle pour bâtir une nouvelle cathédrale ou armer mon fusil pour défier l'ennemi de la liberté ?

Chacun erre dans un monde en miettes, hagard, mirant son nombril en ne s'inquiétant que de son propre sort. Ils et elles cherchent une direction, lorgnent vers une hypothétique étoile polaire, s'accrochent à des modes promues au rang de références dans un univers dont la destinée nous échappe. N'ayant plus de grande cause à défendre, on se distrait en faisant croire qu'on est relié quand il s'agit de banals contacts d'un clic du doigt, pathétique réduction du partage et de la compassion confondus avec un simple accès à un réseau. On veut augmenter ses capacités en croyant les marchands de rêves qui vous racontent que posséder plus de mémoire, plus de capacité de calcul, ou même d'empathie et de générosité nous rendra plus puissants pour affronter les aléas de la vie si ce n'est plus heureux ! Dans plusieurs études récentes des chercheurs ont modifié les capacités altruistes de sujets sains soumis à des stimulations artificielles de la Jonction Temporo Pariétale cérébrale qui signale les conflits possibles entre les valeurs morales et matérielles. Selon le degré de stimulation électrique ou magnétique trans-crânienne de ladite zone les sujets testés penchaient plutôt vers des valeurs morales, augmentant ainsi leur altruisme ou au contraire les effaçaient, renforçant leur attitude intéressée. Utiliser des sujets sains (on en trouvera toujours puisqu'ils sont rémunérés) pour de telles expériences malgré leurs aspects peu invasifs *a priori* n'est-il pas hautement questionnable ? Demain apparaitront dans les foires de village des stands d'attractions du genre « Au Citron qui trinque » : Au moyen d'un casque connecté posé sur la tête, on vous enverra des impulsions électriques pour modifier votre caractère et vous jouerez au cobaye consentant pour épater les amis « *Allez mesdames et messieurs, venez, venez, approchez, approchez, tester votre cerveau, devenez gentils ou méchants ! Cinq euros la décharge et un lot si vous jouez le jeu jusqu'au bout ! Qui démarre ? vous monsieur ? Bienvenue au stand du Citron qui trinque. Asseyez-vous là, on va vous brancher immédiatement* » Scène plausible d'un schéma humain purement mécaniste désastreux dans la méconnaissance d'une nature qui est peu ou pas maitrisable. Si le parkinsonien cesse de trembler quand on lui implante des électrodes pour activer ses noyaux sous thalamiques (et on est heureux pour lui), il s'expose à deux effets pervers : Pour peu que l'électrode soit implantée un millimètre à côté de la zone à traiter, le malade risque d'être sujet à des bouffées sexuelles incontrôlables à mettre sens dessus dessous la maison de retraite qui l'héberge. D'autre part, les cellules gliales qui entourent les neurones ont le génie de venir enserrer l'électrode considérée comme une intruse afin d'empêcher son action bénéfique amenant à retirer l'implant. Le corps déteste qu'on le viole et se venge avec une intelligence poussée des agressions.

Le passage de la soumission collective à la liberté individuelle fut un long combat globalement gagné en Europe, mais une nouvelle menace plane sur nos êtres de chair : l'intrusion dans nos intimités de ces outils numériques à la puissance sans bornes, associée au caractère planétaire de leur impact pourrait rapidement engendrer une digitocrature insidieuse qui manipulerait nos vies. Les GAFA et les BATX savent tout de nous, détectives privés silencieux qui nous filent à la trace de nos clics innombrables pour nous pousser à toujours liker plus, acheter plus, consommer plus, jouir plus, nous tenant par la barbichette pour mieux nous fliquer. S'y ajoutent, inquiétantes au plus haut degré, ces manipulations cérébrales de sujets sains, préludes à la disparition de la personne humaine au nom de la performance brute. Jamais au grand jamais je n'accepterai de jouer au petit malin avec ces outils qui ne devraient être utilisés que chez les malades consentants dans le cadre de protocoles strictement encadrés par des équipes reconnues pour le sérieux de leurs recherches. Tant que mes capacités d'analyse et de jugement seront considérées comme pertinentes, je me refuserai à toute intrusion cérébrale ne voulant en aucun cas devenir l'objet pensant d'un autre.

Orwell avait donc raison, nous y sommes… à une génération près, non pas en 1984, mais en 2019.

## La grande foire aux gènes

Le danger le plus sérieux qui nous guette réside dans le risque de manipulations génétiques aberrantes amplifiées par l'Intelligence artificielle. L'ingénierie génétique avance à pas de géants, partout dans le monde, modifiant, plantes, animaux et humains. Ces travaux s'ils sont dévolus à réparer des manques ou des distorsions génétiques doivent bien évidemment être largement encouragés médicalement et soutenus financièrement et politiquement. Quel médecin ne souhaite pas la guérison ou l'amélioration de l'état des malades atteints d'affections génétiques ? À partir d'une simple prise de sang chez la mère on peut savoir si un fœtus est atteint d'une affection génétique incurable sans plus recourir aux amniocentèses non dénuées de risques. Des travaux sont en cours pour réparer des gènes défectueux comme dans la Bêta Thalassémie. Le génie génétique nous aide ainsi à réparer certains aléas dont les conséquences pour celles et ceux qui en sont atteints peuvent être dramatiques. La science devient enfin capable d'agir sur le génome pour le bien des malades atteints dans leur chair par les beugues de la Nature.

À côté de ces objectifs éminemment louables, d'autres aspects plus mercantiles et moins médicaux, voire scandaleux, se dévoilent faisant craindre que les guerres du futur deviennent des conflits génomiques. Depuis le clonage de la brebis Dolly en 1996, des chiens en Corée du Sud et des singes en Chine ont subi le même sort. Au total vingt-deux espèces animales font actuellement l'objet de manipulations génétiques en tous genres. Des vaches sont modifiées afin de les rendre aptes à supporter le changement climatique. Demain on en fera avec des pis de dix mètres de long pour les branger plus facilement aux trayeuses à meme le champ pendant qu'elles broutent. On quitte la précaution pour s'engouffrer dans la prévention en espérant créer des êtres vivants mieux adaptés aux conditions géo-climatiques nouvelles. Faudra-t-il transformer l'humanité pour la rendre capable de supporter les pollutions atmosphériques, industrielles, alimentaires et numériques ? Life Whisperer une firme australienne de génomique ne propose-t-elle pas de choisir votre enfant avec la pub suivante sur internet *« L.W. uses AI to better select healthy embryos for IVF, and ultimately improve outcomes for couples wanting to have children »*.

Le « forçage génétique » qui fonctionne à plein régime est donc à surveiller de très près. La revue Nature vient de publier une étude sur l'impression en 3D d'un ovaire artificiel qui donna naissance à des souriceaux. Other World ! Demain on pourrait concevoir de limiter la capacité de reproduction d'une espèce, de la rendre insensible ou au contraire hypersensible à une maladie, à un produit toxique chimique ou bactériologique. Créera-t-on des soldats hyperviolents, des monstres de force, capables de tenir dans des conditions extrêmes sans se nourrir pendant plusieurs jours ? alors qu'une machine même sophistiquée s'arrête dès qu'elle n'est plus alimentée en énergie.

La revue Cell Press a récemment annoncé qu'une équipe chinoise avait réussi l'exploit de faire naître des souris viables à partir de deux femelles en manipulant des cellules-souches. Les chercheurs ont utilisé un ovocyte d'une souris femelle et des cellules-souches embryonnaires d'une autre souris qu'ils ont modifiées en manipulant les gènes soumis à empreinte. Résultat : La naissance d'une fille, ouvrant peut-être la voie à la procréation réelle d'enfants de couples homosexuels, sauf que l'expérience a échoué avec des spermatozoïdes...

Il y a quelques semaines He Jiankui un chercheur de l'université de Shenshen en Chine a annoncé la naissance de sœurs jumelles dont le génome fut modifié pour les rendre résistants au VIH dont leur père est porteur. La manipulation, une sorte d'immunothérapie par édition d'un nouveau génome avec les ciseaux moléculaires CrispPR cas 9 n'était pas sans risque compte tenu de l'absence de maitrise de la technique et s'avérait totalement inutile pour ces enfants. Elle fut vivement condamnée par la communauté scientifique internationale et chinoise, mais il faut s'attendre à d'autres débordements de ce genre, tant la course à la célébrité est rude pour être le premier à publier dans des revues pseudoscientifiques qui vous font payer la parution de vos élucubrations foireuses. Déviance qui excite d'autant plus les antisciences de tous poils, eux-mêmes faiseurs de fake news à gogo.

L'empire du Milieu s'apprête en outre à séquencer des millions d'hommes et de femmes. Le géant de l'IA, Ping An, fait déjà mieux qu'Allianz et Axa. Tencent, entreprise chinoise spécialisée à l'origine dans les services internet est en train d'ouvrir des hôpitaux. Pendant ce temps, l'Europe regarde passer les trains à grande vitesse en refusant la fusion entre Alsthom et Siemens, juste bonne à siffler quelques dépassements éthiques. Mais où sommes-nous ? La RGPD ne suffit pas à challenger les monstres d'efficacité du numérique américains et chinois et les amendes de l'Union Européennes sont ridiculement faibles. Pour fêter dignement son centenaire, la République Populaire de Chine veut devenir en 2049 la première puissance mondiale dans le domaine et elle le sera comme dans la défense, le spatial, l'industrie automobile et aérienne. Lao Tseu, l'asocial, le solitaire, doit se retourner sous la terre quand l'Europe s'enlise minablement dans son Human Brain Project doté d'un maigre milliard et demi d'euros plombé par les querelles de ses dirigeants passant leur temps à se bouffer le nez.

Google avec sa filiale Verily lance l'initiative baptisée « project base line » visant à enrôler pendant quatre ans dix mille Américains pour analyser leurs comportements en matière de santé. La firme de Mountain View se prépare à devenir l'incontournable plateforme en santé, depuis les avis personnels, jusqu'à l'évaluation des professionnels. Amazon allié à la banque JP Morgan et au conglomérat Bershire Hathaway veut lancer une assurance santé. Nos petites mutuelles pépères qui vivotent au jour le jour vont morfler avant de disparaitre.

L'immense majorité de ces recherches et expériences est réalisée par des entreprises privées qui brevètent leurs trouvailles. Le grand marché du séquençage est en route : des compagnies comme Zenome, ou Encrypgen prévoient de créer des plateformes de vente d'ADN. George Church, pionnier de la génomique voudrait marier des codes ADN à des blockchains pour rémunérer les heureux propriétaires des données génétiques en cryptomonnaie : Un QI de 150 pour cent bitcoins, qui veut ? Un physique d'Appolon pour cinquante, qui achète ? Vu son cours actuel, c'est donné !

La compétition pour la maitrise du génome et sa transformation est engagée dans une course sans merci à la domination de notre devenir, sachant que toutes les dérives seront possibles jusqu'à ce que l'humanité comprenne enfin quels bénéfices espérer et quelles limites imposer afin de ne pas laisser n'importe qui faire n'importe quoi. Tant que nous n'aurons pas créé de toutes pièces un nouveau Léviathan, monstre doté d'une puissance physique et intellectuelle inouïe qui pourrait se révolter contre les ingénieurs qui l'ont conçu, nous continuerons à faire n'importe quoi. Le risque de dérapage et de délire de toute puissance en créant des individus plus forts et intelligents est à la mesure de la foi des démiurges dans leurs capacités d'augmentation corporelle et intellectuelle. Remarquons déjà combien les différentes civilisations actuelles ne partagent pas le même enthousiasme ni la même crainte vis-à-vis de l'usage de ces outils capables de réparer le vivant pour le meilleur ou de le trafiquer pour le pire. Les Chinois sont les plus permissifs avec les Anglais, les coréens et les américains. Les Européens restent dubitatifs, voire opposés à ce genre de trafics. Qui a raison ?

L'universalisme à l'européenne a bon dos ! Mais quand Léviathan sortira de nos laboratoires, ce jour-là, face à l'horreur artificielle nous comprendrons peut-être jusqu'où il ne fallait pas aller trop loin, incorrigibles humains qui ont besoin de se cramer les doigts pour comprendre que la flamme brûle.

# CHAPITRE 8

## Debout les Hommes !

> Mieux vaut penser le changement que changer le pansement !
>
> Francis Blanche

À l'opposé de ces addictions malsaines, de ces flicages indécents, à l'ignominie de ces conditionnements subtils autant que pervers à coté desquels la pub classique fait office de jeux à l'école maternelle, comment ne pas applaudir à tout rompre aux avantages exceptionnels qu'offrent les technologies de l'information, l'intelligence artificielle, la robotique et la génomique, progrès incontestables dans l'accès à la connaissance, à son partage planétaire comme à son utilisation médicale en vue de réparer nos déficits. Éléments de réflexion, d'échanges et de liberté comme jamais l'homme n'en connut d'autres auparavant aussi puissants, aussi rapides, aussi précis.

Grâce au World Wide Web issu du réseau de communication http et html conçu par Tim Bernes Lee pour connecter les laboratoires de physique des particules du monde entier, je peux aujourd'hui où que je sois, de mon lit ou de mon fauteuil, sur la plage où dans mon bureau, à

New York ou à Kuala Lumpur, rentrer dans toutes les bibliothèques du monde, me balader avec les cinq cents livres auxquels je tiens dans mon smartphone, suivre des conférences, voir des vidéos d'expériences scientifiques, discuter avec mes collègues médecins ou chercheurs, écouter les musiques d'hier et d'aujourd'hui provenant de tous horizons artistiques, échanger avec des interlocuteurs sensés qui m'apprennent des foules de choses, me transmettent d'innombrables expériences et réflexions. À dix mille kilomètres de son bloc opératoire, je peux aider un collègue chirurgien à opérer avec un robot. Au cours de l'intervention en superposant l'image du scanner et celle que m'offre l'optique qui me sert à voir la zone de l'intervention en temps réel, je peux naviguer à moindre risque en repérant des structures anatomiques qu'il faut protéger alors qu'elles sont masquées par un autre organe, véritable vol aux instruments… chirurgicaux.

Depuis l'hôpital, la clinique ou mon cabinet médical, je peux contacter une maison de retraite par vidéotransmission et rassurer une personne âgée inquiète de son état rien qu'avec un sourire et quelques paroles apaisantes.

En recherche médicale, la combinaison de l'intelligence artificielle et de la génomique est en train de démembrer le cadre traditionnel des maladies comme le Diabète dont la classification en type 1 et type 2 ne correspond plus à la réalité des nombreux sous-groupes de malades. Sanofi Genzyme, notre leader français dans le domaine, investit énormément dans les travaux touchant à la personnalisation des traitements. Demain la carte génomique d'une tumeur sera dessinée en quelques secondes et en combinant certaines données d'un patient (âge, poids, taille et toutes autres informations utiles à la définition de sa personne) on produire des médicaments spécifiquement adaptés à chaque profil humain. Des « jumeaux » numériques permettront même de tester les nouvelles molécules avant de les prescrire à chacun. La bio-simulation est en route, transformation majeure du modèle actuel d'une industrie pharmaceutique dont la production de masse ne satisfait qu'une portion des populations traitées, pour offrir la bonne thérapie à chaque malade selon son profil.

L'analyse des résultats en temps réel de nos pratiques médicales fait aussi appel aux techniques numériques : des données objectives concernant les actes médicaux peuvent être colligées pour en extraire des moyennes et nous aider à améliorer nos pratiques au quotidien. Les malades peuvent recevoir par email chez eux des questionnaires sur le vécu de leur opération et de l'amélioration escomptée nous renseignant en temps réel sur leur état.

L'organisation des établissements de santé profite des données accumulées au jour le jour pour optimiser l'efficience des soins. Ainsi mes collègues chirurgiens d'un hôpital de Glasgow ultra spécialisé dans la pose des prothèses de hanches reçoivent régulièrement par internet des indicateurs de qualité comme le taux d'infections nosocomiales ou de descellement des prothèses qu'ils ont posé.

L'extension des épidémies, des pollutions et d'autres affections peut être évaluée très rapidement, voire modélisée pour en tirer des prévisions.

Les manipulations numériques me permettent encore de reconstruire toute l'anatomie du corps ou d'un organe défectueux en 3D, pour préparer une opération délicate. Elles m'aident à traiter des maladies génétiques invalidantes en réparant les brisures de nos êtres ; elles facilitent l'enseignement en simulant de façon réaliste des actes médicaux rares et compliqués m'entrainant à répéter le traitement adapté à une personne donnée. Elles peuvent nous aider à attaquer les cellules déviantes pour les neutraliser sans toucher aux cellules saines.

Les forums de malades atteints d'une même pathologie sont des moments de partage d'expériences et d'aide pour s'y retrouver dans la, vie au-delà même des questions purement médicales. On mesure souvent mal les perturbations profondes cachées qu'entrainent certaines affections et leurs traitements au quotidien. Ces sites spécialisés comme Carenity, Handirect ou Renaloo sont de puissants relais d'information entre patients et n'ont rien à voir avec les forums ouverts où n'importe quoi est déversé par n'importe qui dans un désordre néfaste, la harangue et la rancœur prenant le pas sur le sérieux d'une expérience vécue.

En agriculture Paul South et son équipe viennent de publier dans Science la confection de plants de tabac 40 % plus gros que la normale en modifiant le cycle de la photosynthèse par génie génétique combiné à des algorithmes. Il compte s'attaquer aux pommes de terre, au soja, à l'orge, au riz et aux tomates pour nourrir une humanité croissante.

Ainsi dans tous les domaines d'activités économiques, pratiques ou intellectuelles, les machines intelligentes imposent peu à peu et tout naturellement leur présence bénéfique. Elles nous libèrent des tâches répétitives et ennuyeuses, analysent les situations avec une rapidité qui nous surprend et nous aident à prendre la bonne décision. Compagnes devenues indispensables elles feront de plus en plus corps avec les systèmes biologiques que nous sommes, non pas comme des cyber organismes, des cyborgs, mais dans des échanges respectant l'individualité de chaque partie, homme et machine chacun à sa place en coacteur du monde nouveau qui se dessine.

Jamais l'Homme qui veut savoir, comprendre et agir n'aura eu à sa disposition de tels moyens en aussi peu de temps pour affiner sa vision du monde, développer son esprit critique en échangeant des intuitions, en partageant des expériences d'un bout à l'autre de la planète à la vitesse de la lumière. Le digital n'échappe pas cette règle absolue qui caractérise nos actions humaines, la dualité de leurs effets négatifs autant que positifs, Yin et Yang, soleil et lune, vie et mort. Notre liberté se trouve nichée là, au sein de nous-mêmes dans la responsabilité des choix que nous effectuons à qui l'emportera du bénéfice ou du risque, du bien ou du mal. Nul ne le fera à notre place et s'il nous reste une once de liberté, c'est bien dans la capacité à choisir notre avenir que se niche notre humanité, avec toutes ses erreurs et tous ses pardons. Voilà où s'incarne notre responsabilité fruit d'un libre arbitre qui nous fit sortir d'un déterminisme reposant sur la sélection naturelle et l'auto-organisation.

Faire marche arrière ? Impossible, car les mutations, qu'elles soient biologiques ou culturelles, sont irréversibles au contraire des révolutions qui forment un cycle, comme la Terre fait sa révolution sur elle-même en vingt-quatre heures. En Histoire, les révolutions suivent presque toujours le même mode : Elles mettent à bas la tradition pour instaurer un ordre nouveau parfois pire que l'ancien, comme la dramatique Terreur de 1793, succédant à la royauté, avant de revenir au point de départ avec le Premier Empire puis à un nouveau royaume précédant une éphémère deuxième république à laquelle succèdera un nouvel empire et une troisième République issue d'une autre brève révolution, la Commune de Paris. En revanche, la mutation est une force irrésistible, une flèche qui file droit et loin : on quitte sa carapace, on transforme son état sans jamais revenir en arrière. On émerge en atteignant un nouvel état d'être. Si la révolution est statique, la mutation, elle, est progrès, cette « *transformation graduelle vers le mieux* » comme le définit Montaigne.

Debout les Hommes ! Qu'avons-nous à craindre de l'intelligence artificielle ? Une dépossession de nos savoirs remisés dans des machines calculantes aux mémoires surpuissantes ? Et alors ! Comment pourrais-je tout connaitre aujourd'hui ? La somme d'informations est devenue telle que nul cerveau humain ne peut les intégrer en totalité. Nous ne vivons plus au temps des Archimède, Avicennes, Pascal et Leibniz dont le savoir, aussi respectable et encyclopédique fût-il, restait embryonnaire eu égard à la somme immense des connaissances accumulées à ce jour. Nul cerveau ne peut les posséder toutes et le nouvel Honnête Homme apprendra à travailler en symbiose avec les machines intelligentes pour affiner ses capacités de décision et d'organisation, l'intelligence artificielle ayant pour objectif premier de nous aider à choisir en nous proposant des options à partir de ses algorithmes. Elle participera à l'amélioration de nos facultés de discernement, ces éclaireuses qui sont autant liées aux sensations qu'à la raison. Dans de très nombreuses circonstances, elle décidera elle-même avec ou sans notre autorisation selon le degré d'impact de ses choix. Le plus grand danger qui nous guette consiste en l'injection perverse ou naïve dans ses canaux numériques et dans ses bases de données d'une multitude d'informations erronées qui pourraient fausser la qualité des résultats. Risque majeur d'une pollution numérique planétaire source d'aberrations produites par les machines que des intrus malveillants ou dénués de sens critique auraient trafiquées. Scenario le pire, car invisible et sournois.

Malheureusement cette pollution existe déjà. Elle engendre d'innombrables vilénies intellectuelles et contrefaçons dont le nombre augmente de manière exponentielle. Alors que nous cherchons à réduire les déchets matériels qui étouffent la Terre et nous rendent malades, faudrait-il accepter d'être noyés par les fake news ? Promouvoir une véritable écologie de la pensée devient une urgence vitale afin de nous débarrasser de l'à-peu-près, du faux sciemment diffusé ou de la rumeur colportée, ravageuse de vérité. S'il existe une pureté des idées, ce n'est définitivement pas dans le ciel platonicien qu'il faut la rechercher, mais bien dans un filtrage des particules intellectuelles nocives comme on le fait pour l'eau ou l'air. Qui ose boire une eau polluée ? Qui aime inspirer les bouffées d'émanations d'un pot d'échappement ? Et pourquoi accepterais-je d'être soumis à une pollution verbale, écrite ou visuelle insupportable ? J'entends d'ici les critiques pointant la résurgence d'une nouvelle Inquisition prête à brûler livres et smartphones sur la place publique en vertu de quelle vérité ? Au nom de quelle dictature ? La liberté d'expression pilier de nos démocraties est non négociable, mais créer un label de qualité de la production intellectuelle, un « nutriscore de l'esprit » est un impératif qui puisse éclairer le citoyen sur le sérieux de l'auteur tant dans sa méthode d'investigation adoptée que dans l'analyse des résultats de ses publications. L'intelligence artificielle en raison de sa vitesse et de sa puissance exceptionnelle d'analyse pourrait nous apporter un sacré coup de pouce à faire le tri. Hors de question d'interdire, mais au moins validons le sérieux de ce qui peut l'être. On s'inquiète beaucoup plus pour ce que l'on respire ou avale en matières dangereuses, s'usant les yeux à lire les étiquettes des produits aux informations aussi microscopiques qu'incompréhensibles. On s'affole pour ce que crachent nos moteurs diesel et nos usines alors qu'on se fiche allègrement de la prolifération hautement nuisible des opinions sans fondement, des idées fausses ou perverses. La doxa règne en maître sur le Logos, fin de l'humanisme. Curieux monde chassant les poisons agroalimentaires et industriels en laissant se répandre librement les poisons intellectuels, les nouvelles erronées ou déformées, les suspicions malsaines et autres accusations gratuites diffusées via des Hashtags dénonciateurs ou vengeurs. Il existe déjà des organismes qui labellisent une certaine qualité de contenus pour les sites internet, mais il faudrait marquer d'un signet clair si l'image ou le texte diffusé repose sur des bases authentiques et vérifiées. C'est le socle même de notre civilisation qui est visé. À ce petit jeu malsain c'est la démocratie qui est menacée. A-t-on le droit de balancer publiquement n'importe quelle connerie ou méchanceté au nom de la liberté d'expression ? Non, trois fois non ! Ma liberté commence par le respect de l'autre. Or, une anarchie sournoise s'est installée dans nos modes d'existence en société avec l'assentiment égoïste généralisé que l'on peut faire et dire ce que l'on veut sans risque. Nous oublions que l'harmonie d'une communauté passe par la confiance entre les individus qui la composent. Cette confiance repose avant tout sur le crédit des expressions privées autant que publiques. Aujourd'hui la Toile n'est plus le moyen de notre liberté. Devenu l'objet du contrôle de quelques-uns, entrepreneurs démiurgiques ou dirigeants politiques autocrates, Internet intervient comme une énorme caisse de résonnance de nos errements, de nos approximations, de nos bêtises les plus crasses, de nos mensonges les plus sordides et de nos jalousies les plus abjectes. Faisant croire à qui veut l'entendre qu'elle l'augmente, elle tue à petit feu la relation humaine, méprisant le respect de l'autre en se cachant derrière des pseudos honteux. Elle piétine les vérités, s'empiffre de délires viraux, d'approximations infondées, dégueulant ses insanités dans les cuvettes des marchands de vent numériques qui font payer très cher chaque passage aux tinettes en vous fliquant comme des malpropres. Aucune règle de vérification, aucun autocontrôle : on balance ce que l'on veut pour mater ce qui mord à l'hameçon des clics dans des connexions trop immédiates supprimant le recul nécessaire d'une analyse critique de leur pertinence. Qui n'a jamais relu sa lettre avant de la poster, ne serait-ce que pour éviter les fautes d'orthographe !

À l'opposé de ces déviances indignes, l'intelligence artificielle assure de nombreuses tâches simples ou complexes qui lui seront de plus en plus déléguées pour nous conserver les seuls outils qui nous permettent d'inventer, de nous dépasser, de nous aimer. Affutons nos sens, ces vecteurs biologiques primordiaux sans lesquels nous ne penserions pas, nous ne projetterions pas, nous ne créerions pas ni ne rêverions. Activons nos circuits neuronaux libérés des déchets de l'esprit afin de cultiver la relation la plus étroite aux êtres qui peuplent la planète. Le calcul aux ordinateurs ! Oui sans hésiter ; et si leurs algorithmes en se développant spontanément menaçaient notre liberté hors de nos vouloirs et de nos règles, nous saurions bien en créer de nouveaux qui les contrent pour les terrasser.

À nous la perception, la sensation, l'improvisation, l'anticipation, la folie créatrice dans la communion des consciences jusqu'à réaliser l'impossible ! À nous la danse et la musique les plus folles, les partages avec ou sans paroles les plus intenses ! À nous la chaleur de l'être, la caresse d'une main, la tendresse d'un regard, la douceur d'une étreinte !

Craignons-nous un contrôle de plus en plus serré de nos intimités ? Alors, soyons en règle avec nous-mêmes et cessons de jouer pendant quelques heures, quelques jours, avec ces joujoux qui nous rendent accros. Nous n'en mourrons pas, bien au contraire, retrouvant le sel de la présence charnelle, du regard et du toucher. Couper court à la connexion serait un fantastique moyen d'exprimer notre liberté. En arrêtant tout trafic, nous pourrions infléchir immédiatement les rentrées publicitaires des GAFA. Je rêve sans doute en naïf impénitent, mais je crains, l'addiction étant si forte, que l'overdose nous guette, vils pantins biologiques bons à ramasser à la petite cuillère, bagnards trainant aux pieds nos boulets digitaux en titubant sous la saturation des liens sans intérêt.

Retrouver le silence, oublier le smartphone, débrancher l'ordinateur, faire le vide pour enfin vivre et nous rencontrer en chair et en os, réfléchir ensemble au calme envoyant un signal fort aux géants mondiaux de l'économie numérique que nous sommes capables d'esquiver la dépendance qu'ils entretiennent, les prenant à leur propre business model. Utopie de nantis ou choix de société ? Sans la volonté d'une cure de désintoxication, finie l'humanité, bienvenue aux zombies ! La servitude volontaire, chère à La Boétie n'a jamais été un thème aussi actuel. L'euthanasie d'une société en voie de déliquescence nous guette alors que les plateformistes mondiaux prennent les commandes, offrant leur *panel et circenses* numériques à trois milliards et demi de citoyens drogués, loques incapables de décider de leur sort, fuyant le risque quitte à se tromper c'est-à-dire à rester humains.

Il urge d'entrevoir une nouvelle forme de démocratie à l'avènement de laquelle nous devons œuvrer sans relâche afin de bâtir les fondements de rapports nouveaux entre individus tenant compte de l'efficacité et du danger de ces outils que nous avons construits pour le meilleur et pour le pire. Entre nos régions où devraient se décider nombre d'actions et de régulations et une Europe souveraine dont nous devrions faire une puissance planétaire tenant son rang face aux USA et à la Chine, le pouvoir de nos vieux États-Nations s'amenuise jour après jour. Le traité de Westphalie de 1648, recomposant l'Europe des frontières nationales a vécu. Quel avenir motivant proposer aux citoyens de France et des pays européens qui n'ont pas encore quitté le bateau ou basculé dans le repli sur eux-mêmes emportés par la nostalgie du « c'était mieux avant » ? Le choix est binaire : soit devenir un grand parc d'attractions mondial tant que nous sommes encore assez riches, un Disney World avec de vrais châteaux, de vraies cathédrales et des musées à visiter, de belles robes à essayer, de bons vins à goûter et de délicieux parfums à renifler ; soit relever nos manches et bosser dur pour jouer un rôle éminent dans le chaos du monde en portant un projet humaniste tenant tête à ceux qui rêvent de nous voir faillir, guettant voire précipitant notre déclin. La notion de puissance d'être qui anime les atomes jusqu'aux sociétés humaines n'en est que plus actuelle. Ne pas le comprendre en restant confinés frileusement dans le *statu quo*, ne pas offrir une nouvelle vision de l'Homme en prenant le risque d'intégrer les changements apportés par les innovations numériques et génomiques équivaudrait à un suicide collectif.

Il est donc temps de nous réunir dans une Conférence of Parties, une COP digitale et génomique planétaire, pour préparer notre avenir en écoutant les avis divers qui ne manqueront pas de se manifester, non pas pour interdire les recherches dans une démarche précautionneuse indigne de l'Homme, mais pour réfléchir aux conséquences des moyens dont nous sommes déjà dotés et à ceux qui ne tarderont pas d'apparaitre plus puissants, plus efficaces, plus intrusifs. S'il n'y a aucune limite à la recherche pour peu qu'elle respecte les règles éthiques internationales, les dérivées techniques qui découlent de nos découvertes seront à analyser au nom des valeurs qui nous ont lentement extrait des lois de la nature pour tendre la main à celle ou celui qui appelle au secours, miné par la maladie ou soumis à la violence et à l'arbitraire. Aucun angélisme dans cette intention, juste la certitude d'une impérieuse prise de conscience mondiale pour savoir jusqu'où nous oserons aller et pour quoi y faire. À l'opposé d'un post-humanisme débridé, adepte du toujours plus quantitatif, optons pour un pan-humanisme respectueux des idéaux de solidarité que nous avons forgé, combat après combat. Inventons les instruments techniques, mécaniques, numériques et génomiques qui nous aideront à vaincre les aléas de nos physiologies fragiles pour mieux vivre ensemble.

# POINT D'ORGUE

Parvenu à la fin de ce bref voyage au cœur de l'énergie et de la matière depuis les éléments atomiques, les molécules chimiques et les organismes biologiques jusqu'à l'émergence de l'Homme conscient de sa conscience, que reste-t-il dont j'aurais la certitude ? Pas grand-chose !

L'Évolution procède d'adaptations successives qui ne laissent pas de place aux faibles, chacun devant tenir son rang ou disparaitre. Dans cet univers ultra-sélectif *Sapiens* eut le culot de dépasser son destin biogénétique au nom de sa liberté d'être jusqu'à tendre la main au plus fragile, au plus mal loti, à celui qui a faim, qui ne possède aucun moyen de défense, ne court pas vite, ne sait pas cogner ni mordre. Si les plantes communiquent entre elles et s'aident à vivre, les animaux sont capables d'interactions plus approfondies telle la compassion affichée par cet éléphant qui transporte avec sa trompe un lionceau déshydraté à l'agonie vers un point d'eau. Bribes de partage, empathie touchante, déjà conscience de la souffrance et du service à rendre qui implique des capacités émotionnelles réelles alliées à une intelligence aigüe de la situation. Mais l'Homme va au-delà risquant sa vie au nom d'idéaux érigés en principes et symboles : la Patrie et son drapeau, l'honneur et la parole donnée, l'amour de l'autre et la main tendue, la justice et sa balance, la croix, le chandelier à sept branches et le croissant. Les grands mythes révolutionnaires au son de l'Internationale restent aussi des marqueurs qui entrainent les hommes au dépassement d'eux même alors que nous sommes simplement les fruits d'une irrésistible dynamique de l'énergie consumée en matière.

Animal aimant et pensant, cet anti darwinien forcené qu'est l'Homme ose défier une Nature qu'il maîtrise à peine parce qu'il la connait particulièrement mal, la prenant pour un Univers sans relations alors qu'il n'en comprend pas les langages secrets. Il se dresse face à un ordre autrement plus puissant que lui dans une double tentative à la fois démiurgique de domination et compassionnelle d'aide dont la médecine au travers de ses réparations d'êtres meurtris représente l'une des incarnations parmi les plus efficaces et les plus poignantes. Il agit ainsi à l'envers en cassant tous les codes naturels, brisant la flèche de l'Évolution pour tracer sa route dans un admirable accomplissement de soi par les autres, avec les autres et pour les autres. En promouvant le respect et la dignité de la personne, se portant au secours de ses frères d'où qu'ils viennent, où qu'ils habitent, quoiqu'ils fassent, pensent et croient, l'Homme vit non pas dans la durée ni dans la quantité mais il se réalise dans la profondeur de vie, dans la densité d'être.

## Bribes de conscience dès l'origine

Comment ne pas évoquer des formes d'intelligence rustiques dans ce continuum d'énergie et de matière, des modes de relations différents mais réels chez les êtres vivants aussi simples soient-ils qui naissent, grandissent, se nourrissent, se reproduisent et meurent, comme les plantes et les animaux. Les arbres développent des racines allant chercher l'eau parfois très loin et à grande profondeur dans le sol. Véritables foreuses aux formes adaptées à la plante et au terrain qui communiquent entre elles, ces racines viennent à se toucher pour échanger des informations dans un langage qui nous est étranger. Des recherches récentes menées par une équipe de la University of Western Australia ont révélé que les plantes savent écouter les sons. Monica Gagliano, en travaillant sur les pois, découvrit que leurs racines pouvaient détecter la présence d'eau à distance en percevant ses vibrations sonores lorsqu'elle coule. Leurs racines s'orientent alors dans la bonne direction pour trouver le carburant miracle. Elles entretiennent aussi d'excellents rapports avec les bactéries, les champignons et les autres plantes du voisinage dans des transmissions et des échanges moléculaires permanents. D'autres recherches effectuées sur les pins Douglas par l'équipe de Suzanne Simard à la University of British Columbia de Vancouver, celles d'Ernst Zurcher en Suisse ou de Peter Wohlleben en Allemagne montrent combien les plantes sont intelligentes et vivent en sociétés très organisées, hautement solidaires. Les végétaux sont vibrations, oscillations et connexions incessantes qui font vivre les forêts. On peut parler sans caricaturer du WWW : le Wood Wild Web, tant les arbres entrent en contact et se parlent entre eux ainsi qu'avec les autres plantes du voisinage. Réseaux multiples faisant intervenir des potentiels électriques et des forces magnétiques auxquels s'ajoute le rôle de transporteurs d'information des champignons pour signaler les changements qui les concernent et les dangers qui les menacent. Dans le monde végétal le groupe prime sur l'individu, notion qui doit nous faire réfléchir jusqu'où ne pas aller trop loin dans notre individualisme érigé en « droit » à obtenir, faire ou dire n'importe quoi. Les plantes, apparues plus d'un milliard d'années avant l'Homme, nous donnent une belle leçon de longévité et d'adaptabilité au travers d'une collaboration de tous les instants grâce à des moyens de communication sophistiqués que nous découvrons à peine, trop imbus de notre supériorité pour croire qu'elles vivent, ressentent et collaborent. À méditer à l'ombre d'un vieux chêne !

Que penser de *Physarum polycepharum* ? Ce protiste, sorte de cellule géante sans système nerveux individualisé qui vit dans les forêts, apprend, se souvient et transmet ses connaissances à ses congénères comme l'a montré Audrey Dussutour et son équipe du CNRS. Surnommé Blob (forme floue en anglais), il se déplace, peut prendre une dimension impressionnante et vivre quasi éternellement en rajeunissant pour repartir de plus belle dans la vie.

Comment ne pas s'interroger sur la reconnaissance du beau chez les oiseaux ? Les parures nuptiales des mâles composent des tableaux vivants d'une rare esthétique. Parfois impressionnantes dans leurs dimensions, elles sont des attracteurs puissants pour les femelles qui savent choisir l'heureux porteur répondant à leur goût. Mais elles sont aussi dangereuses, réduisant d'autant la mobilité de leur propriétaire, l'exposant plus facilement aux prédateurs, Thanatos rejoignant Eros, compagnons de toujours. Tous aussi beaux, certains nids sont de véritables sculptures multicolores dont chaque pièce n'est pas disposée au hasard puisqu'on les retrouve alignées de façon similaire dans les nids voisins. À écouter les vrais chants d'oiseaux imités par Olivier Messiaen le plaisir acoustique serait-il uniquement réservé à l'Homme ?

Le ciel nous met en harmonie silencieuse avec la Terre. Les plantes nous regardent, elles nous sentent, les animaux nous aiment, les eaux chantent. L'impressionnante houle atlantique nous berce et la furie des vagues déferlantes sous le vent du très gros temps gronde de ses embruns. Le minéral lui-même dit des choses : Le Grand Canyon du Colorado et le désert du Kalahari nous interpellent en transmettant des vibrations indétectables par nos moyens d'investigations usuels. Les pierres posées et le sable ratissé des jardins Zen participent à l'harmonie du lieu. On entre en empathie avec ces éléments naturels muets et statiques qui nous apaisent dans leur linéarité. Cet aspect fixe tranche avec la dynamique permanente du reste de la vie mais ces galets, ces blocs de pierre groupés par nombre impairs en « ishigumi » usés par le climat sont nécessaires à l'ordre de l'Univers. Ils délimitent les espaces d'eau, liquide purificateur qui coule, toujours en mouvement. L'eau qui contourne les obstacles pour descendre au plus profond de la Terre afin d'y favoriser l'éclosion de la vie comme, selon les Taoïstes, notre esprit lui aussi cherche à descendre au plus profond de notre être pour retrouver l'essence même de l'existence...

Évoquer ces questions sans passer pour un débile mental aux yeux de la foule tient de la gageure tant l'anthropomorphisme ambiant nous rend sourds, aveugles, mais malheureusement pas muets ! Pourquoi des formes de conscience n'existeraient-elles pas à l'état de trace dès les premières liaisons de particules ? Proto-entité balbutiante faite d'énergie transportée par la matière, toutes deux indissolublement imbriquées dans un seul et même processus générateur de flux d'informations minimales émergeant peu à peu. Une pré-conscience, c'est-à-dire une connaissance partagée alliée à une reconnaissance de l'autre et donc de soi qui permit aux éléments primitifs infinitésimaux de bâtir des structures de plus en plus complexes grâce à leurs échanges moléculaires. Henri Bergson l'envisageait-il quand il écrivit dans son *Essai sur les données immédiates de la conscience* : « *Ne pourrait-on pas poser en principe que tout état de conscience correspond à un certain ébranlement des molécules et atomes de la substance cérébrale* ? ». Interrogation sur laquelle Jacques Monod rebondit en déclarant dans *Le Hasard et la nécessité* « *Les êtres vivants sont des machines chimiques. La croissance et la multiplication de tous les organismes exigent que soient accomplies des milliers de réactions chimiques grâce à quoi sont élaborés les constituants essentiels des cellules* ». L'esprit ne serait donc pas plus beau que la matière n'est plus sale. Du tout chimique, pur et impur. Des mélanges, des réactions, des fusions, de la chaleur et des explosions, tous transformés en solutions, en réactifs, en pipettes, en cornues à longue encolure, en boites de Pétri, becs Bunsen, cryostats, séquenceurs et autres instruments à produire un véritable brouet chimique et génomique. Voilà le grand mélangeur de la Vie, prélude à l'avènement de nos capacités d'abstraction, mais surtout creuset d'expériences charnelles qui nous mènent de la sexualité ordinaire jusqu'à la relation interpersonnelle la plus aboutie, ultime incarnation de l'être.

Le problème est que cet enchainement de phénomènes physiques et biologiques ne me dit pas ce que je fais là, trainant mes semelles sur cette grosse boule pleine d'eau et d'un peu d'humus, ni où cela peut me mener. Le raisonnement nous permet d'avoir une certaine emprise sur les évènements en les expliquant pour mieux les contrôler. On ne peut que le saluer ! Mais il achoppe à englober nos êtres dans une vision cosmique même s'il me rassure quand une équation tombe juste, qu'une expérience peut être reproduite et une hypothèse validée. La pensée reste bridée par nos propres logiciels cérébraux et la raison fut malheureusement impuissante à empêcher le pire. Elle nous a laissé un paysage en ruines après avoir failli à sa mission civilisatrice à laquelle croyaient tant d'hommes de bien, incapable de prévenir les embrasements planétaires à millions de morts et leurs conséquences politiques désastreuses que connut le vingtième siècle, allant jusqu'à envisager la capacité d'anéantissement nucléaire. Destin tragique qui nous interroge sur les progrès que nous avons encore à accomplir pour « *vivre mieux* » comme le souhaitait tant Montaigne. Or la science au travers de ses découvertes, loin d'augmenter nos connaissances, ne fait que précipiter la conscience que nous avons de notre ignorance. La chasse que font les physiciens à la matière noire et à l'énergie sombre nourrit leurs débats sans fin en nous le rappelant crûment. Les religions ont échoué à nous rendre meilleurs, elles dont les guerres furent et sont encore les pires formes de barbarie à fouetter, lapider, décapiter au nom de qui ? L'horreur de la Saint Barthélémy qui ensanglanta la France au son du tocsin de saint Germain l'Auxerrois à Paris le 24 août 1572 et la mise à sac Le 20 mai 1631 de la ville protestante de Magdebourg ordonné par les comtes catholiques de Pappenheim et de Tilly furent d'épouvantables boucheries n'épargnant ni les femmes ni les enfants dans des supplices atroces allant jusqu'à empaler vivants les nourrissons sur des pieux. La citée florissante, l'une des plus importantes du Saint-Empire Germanique fut incendiée laissant quinze ans plus tard à peine quatre cent cinquante âmes sur les trente mille qu'elle abritait. L'horreur n'est définitivement pas réservée aux mécréants ni aux barbares. Elle se niche au cœur des individus soi- disant les mieux éduqués nés dans les civilisations décrites comme les plus avancées. Le danger de nouvelles exactions, notamment antisémites, antichrétiennes et antimusulmanes est permanent malgré une prise de conscience planétaire qui infuse trop lentement les esprits englués dans leurs traditions séculaires. Présent en Inde au moment des massacres d'Ayodhya en 1992, j'ai pu mesurer la folie meurtrière des émules de Gandhi qui assassinèrent plus de deux mille musulmans en quelques jours pour une banale histoire de site de prière.

## J'aime donc je suis

Il n'y a pas trente-six façons d'envisager ce qui me rend fondamentalement présent au monde donc aux autres : Je suis parce que j'aime et partage, quand je meurs un peu chaque fois que je hais et accapare. Aucune description logique à cette attraction entre les individus, phénomène de gravitation biologique intime des corps et des esprits faits des mêmes atomes. L'individu, cette unité organisée, est bien un, pas deux ! Avez-vous déjà salué un bividu ? « *Bonjour l'esprit, oh ! pardon, salut le corps !* » L'individu est in-di-vi-si-ble, in-sécable, a-tomique, mais il est capable de partager voire de se fondre dans un autre. On passe sans rupture de la chimie à l'empathie, de la fusion moléculaire à la compassion la plus humaine, de Lavoisier à mère Theresa.

Aucune explication à cette rencontre des consciences vers un plus être commun qui me transporte, alors que je disparais quand je me rétracte sur moi-même, créant mon propre « trou noir » de petit salaud égoïste trappant la lumière dans son vortex infernal. Les expériences vécues par nos machiness vivantes, leur collaboration depuis l'appariement des particules jusqu'à vous et moi nous embarquent dans des relations d'être à être, évènements non modélisables par les équations mathématiques ni par les algorithmes les plus puissants ou par les archétypes psychologiques et sociologiques que nous élaborons pour baliser nos vies.

Nul ne peut quantifier l'énergie vitale qui n'a rien à voir avec les mégatonnes de TNT d'une bombe atomique, les pétaflops d'un calculateur ou les variations statistiques des flux économiques et boursiers du CAC ! Il n'y a pas de classement comptable de l'amour dans sa densité, dans sa profondeur. Je n'aime pas 1,6 fois plus aujourd'hui qu'hier, je n'ai pas perdu 18 % d'empathie depuis l'année dernière comme je n'envoie pas mille baisers d'une seconde à la Terre entière toutes les vingt-quatre heures. Si la passion rend fou, l'amour est créateur d'être dans une cohésion muette, une plénitude sans mots ni chiffres. Sa force déborde celle de la parole, trompeuse, interprétable, manipulable donc dangereuse. Elle surpasse la poésie des mathématiques qui ne résoudront jamais tous les problèmes auxquels nous sommes confrontés.

Je sais que je suis quand je ressens que je respire et que mon cœur bat. Je vis de la fusion qui émerge d'entre les entités matérielles innombrables au sein de moi-même comme autour de moi, parcelles de relations aux destins divers, depuis l'eau, le roc et les nuages jusqu'à la femme et l'homme. « *Au commencement était la relation* » répondrait mieux à la réalité du monde, qu'au commencement était le Verbe, si tant est que je puisse en saisir quelques élans. Espace, temps, corps et esprit réunis, communiquant sans fin.

Les apôtres de la raison ont eu tort de stigmatiser les sens comme des obstacles insurmontables à la compréhension de l'Univers, car en usant de la raison je peux très bien la tordre ou la masquer. Depuis Ptolémée jusqu'à Einstein en passant par Newton, les plus grands savants ont su manipuler à leur avantage les données physiques pour les adapter à leurs concepts, alors qu'il m'est impossible de manipuler les sens. Eux me trompent sans cesse, mais moi, je ne peux pas tricher avec eux sauf à diluer ma conscience dans l'addiction des paradis artificiels dévastateurs d'êtres.

Les procureurs qui militent au nom d'une raison omnipotente se trompent car la densité de vie ne rentre définitivement pas dans le moule de l'évaluation arithmétique ou statistique. Quand je me déclare plus ou moins heureux ou malheureux, à quel référentiel fais-je allusion ? À aucun autre qu'à moi-même. Les mots et les chiffres ne disent pas les intrications, les regards, les empathies, les attentions et les amitiés qui se vivent autrement. À entrevoir ces expériences silencieuses comme des éléments perturbateurs nous réduisons nos êtres à leur portion la plus facile à appréhender, la logique, le calcul et le raisonnement. Si la raison nous fascine au travers des prouesses des chercheurs et de la puissance des calculateurs, elle nous assèche dans sa froideur arithmétique. Découpant l'Univers en parcelles, elle en dénature son architecture, édulcorant d'autant plus sa plénitude dont elle cherche désespérément à déchiffrer les ressorts. Dans le domaine, Platon nous a fait voler trop haut, tel Icare aux ailes fondant sous le soleil et Descartes nous a scié les pattes comme il advint au Colosse de Rhodes.

Recoller les morceaux ne sera pas facile, mais l'intelligence artificielle et les neurosciences en nous offrant une masse considérable d'informations sur nos comportements nous aident à y voir un peu moins flou. Les avancées dans ces domaines transforment notre vision de l'anatomie fonctionnelle cérébrale et sensorielle. L'intelligence artificielle devient jour après jour notre compagne de route en nous dégageant du fardeau des données, des analyses raisonnées et de milliers de classements et d'interprétations qu'elle fait beaucoup mieux et plus vite que nous. Dans sa forme active qu'est la robotique, l'intelligence artificielle nous libère d'innombrables tâches, qu'elle fait plus surement, plus rapidement et plus précisément. Elle allège nos cerveaux, offrant la place à de nouvelles connexions neuronales qui devraient amplifier d'autant notre créativité et notre empathie. Véritable déménagement cérébral pour stocker dans nos garde-meubles numériques tout ce qui nous encombre ouvrant un espace pour activer nos réseaux neuronaux vers plus d'inventions, plus de relations et de collaboration. Nouvelle éducation à laquelle nous ne sommes absolument pas préparés. Éduquer, en latin : *Ex ducere*, conduire hors de, nous libérer de la pesanteur, nous envoler vers l'infini ! Voilà le projet à développer partout, à tous moments, pour toutes et tous, dès le plus jeune âge. Challenge énorme qu'il ne tient qu'à nous de relever en abandonnant nos vieilles lunes d'une formation désuète et normative, Plus une minute à perdre pour transformer notre système éducatif en de multiples foyers de créativité et de partage des connaissances ! Finie *La guerre des intelligences*, comme l'a décrite avec grand talent mon collègue Laurent

Alexandre en alertant à juste titre les autorités sur la nécessaire transformation du cursus éducatif. Bienvenue à la paix des cerveaux, à la fête des réseaux de neurones naturels et artificiels travaillant en symbiose.

Grâce à une telle politique, la pression des transhumanistes à vouloir nous embarquer dans une course éperdue vers une super-humanité à l'immortalité délétère s'effondre d'elle-même, puisqu'en redistribuant nos circuits cérébraux allégés des contingences raisonnées, nous n'aurons aucun besoin de jouer aux apprentis sorciers tentant de nous augmenter artificiellement dans une quête irréfléchie et sans issue à plus de vitesse, plus de force, plus de mémoire et de durée, tentations devenues sans objet.

Notre liberté d'être se situe bien au-delà des seuls discours, des seuls raisonnements, calculs, codes et algorithmes, car nos corps perçoivent d'innombrables messages discrets qu'échangent leurs organes entre eux et que leur envoient les autres êtres vivants. Lamarck l'avait pressenti en parlant du « domaine de la vie » qui déborde largement les jours que nous passons sur Terre à bosser, manger, dormir, nous divertir, jouir et pleurer. Notion fondamentale que le géochimiste russe Wladimir Vernadski transforma en « biosphère » dont nous ne représentons qu'une infime partie, soit 0, 25 %. Pas de quoi nous prendre pour des dieux même si nous sommes les êtres vivants connus actuellement comme vles plus développés, donc les plus responsables.

À étudier ces évènements biologiques qui nous façonnent, il apparait nécessaire, il est même de notre devoir d'intégrer le minéral dans le vivant, alors qu'on le considère avec dédain comme inerte parce qu'il ne parle pas, ne se plaint pas, n'a pas faim ni ne se reproduit. Au moins, reconnaissons qu'il se connecte et se transforme, c'est-à-dire qu'il comprend certaines choses que nous ne saisissons pas nous même, preuve de son potentiel évolutif.

Percevant les changements de son environnement il s'y adapte, véritable intelligence de la matière. Toutes les structures chimiques sont donc à considérer comme participant à la vie qu'on les nomme minéraux, végétaux ou animaux, qu'ils s'appellent galets, granit, mimosa, chêne, chien, chat, ou Homme. Tous font partie d'une organisation globale qui me renseigne en permanence sur nom état comme sur mon environnement. « *La conscience de soi est en même temps la conscience du tout* », précise Emmanuel Lévinas. Globalisation à l'échelle cosmique, système à aiguiser la conscience de mon rapport aux autres me définissant de la sorte en tant que personne.

Nous devrions abolir les mots esprit et corps en tant qu'entités séparées. Ils ne répondent pas à l'intégration de nos sensations dans des schémas de survie pour la plupart pré-établis et gardés en mémoire, auxquels s'ajoutent quelques visions impromptues non calculées, quelques pulsions d'être aux autres allant jusqu'au dépassement de soi, traces de notre liberté « *L'esprit est un produit de l'organisation du cerveau comme la vie est un produit de l'organisation des molécules* » insiste Monod. Abandonnons aussi le concept d'âme, construction sans substrat inventée pour conjurer notre peur du vide.

C'est donc la dynamique de l'Être, ce mot issu du sanskrit Asus, la vie, le vivant, ce qui se tient et va, qu'il importe de promouvoir, englobant la *res extensa* et la *res cogitans* du bon René D. « *Je ressens donc je deviens* » me semble définitivement plus intense, plus enthousiasmant dans sa dynamique que « *je pense donc je suis* » qui me fige dans mes limites. Elle me met en relation avec les autres créatures vivantes que je côtoie, avec celles et ceux qui viennent de loin, de très loin, particules, ondes, vibrations, rayonnements auxquels s'adresse François d'Assise dans le *Cantique des créatures*, saluant « *messire soleil, sœur lune, frère vent…* ».

La pensée me dit que je ne sais pas, quand les sens me font toucher ce que je vis. L'intelligence d'émotion qui manque aux machines remplit ainsi pleinement son rôle de liaison et d'attention. La raison, quant à elle, met en place sur un mode ordonné les situations que je vis. Elle ne fait qu'analyser pour les classer les éléments qui me font vibrer dans un rapport le plus direct au monde qu'est la sensation, indescriptible, ineffable. Thomas Hobbes l'avait parfaitement analysé en publiant son *Léviathan* : « *Ce que nous appelons sensation est à l'origine de toutes les pensées. En effet, l'esprit humain ne conçoit rien qui n'ait d'abord été, en totalité ou en partie, engendré par les organes des sens. Tout le reste est dérivé de cette origine* ». La sensation amène à l'intelligence émotionnelle globale, immédiate, débordante, quand le raisonnement reste partiel et lent dans son arrangement des événements du monde. La coexistence de ces deux formes de participation à l'univers fit émerger nos consciences ainsi que l'exprime David Chalmers « *l'expérience est l'information vue de l'intérieur ; la physique est l'information vue de l'extérieur* ». Si nous admettons que les messages passent de structures à structures, d'organismes à organismes pour les transformer ou les faire réagir, nous ne savons toujours pas pourquoi ces mêmes structures sont nées ni pour quelles raisons une structure donnée accepte ou refuse de reconnaitre ou de transmettre une information. Liberté du choix de faire ou ne pas faire. Quelle différence d'autonomie possèdent en fin de compte une particule atomique et un président de la République ? Quelle alchimie les fait agir, chacun à leur niveau de complexité ? La transformation progressive du matériel en immatériel pour atteindre un état croissant de liberté de penser et de faire, en un mot de vivre en personne responsable, reste sans explication objective. Aristote pensait les êtres comme étant faits de matière et de formes, mais sans nos connexions nous ne serions rien d'autre que de vulgaires tas d'os, de muscles et de viscères inutiles. Le « *je* » s'individualise et s'impose parce qu'un autre « *je* » et des « *nous* » lui répondent grâce à nos sens, capteurs infatigables et bénévoles des informations que nous recevons de toutes parts, à tout moment, en tout lieu.

En retenant comme sacrée, c'est-à-dire digne d'un respect absolu, la personne, l'Humanité s'extrait de l'animalité. Elle fonde une éthique de bien commun dans sa reconnaissance de l'autre, démarche altruiste encore trop souvent bafouée, mais dont les pas nous mènent vers ce point de singularité de notre empathie qui porte le beau nom d'amour. Le discours d'Adenoïde Hinkel, alias Charlie Chaplin déguisé en Adolf Hitler pacifiste à la fin du film le Dictateur résonne quatre-vingts ans plus tard comme un appel prémonitoire vers ce quoi tendent les Hommes de bonne volonté : *« Je ne veux ni conquérir, ni diriger personne. Je voudrais aider tout le monde dans la mesure du possible, juifs, chrétiens, païens, blancs et noirs. Nous voudrions tous nous aider si nous le pouvions, les êtres humains sont ainsi faits. Nous voulons donner le bonheur à notre prochain, pas lui donner le malheur. Nous ne voulons pas haïr ni humilier personne. Dans ce monde, chacun de nous a sa place et notre terre est bien assez riche, elle peut nourrir tous les êtres humains. Nous pouvons tous avoir une vie belle et libre, mais nous l'avons oublié. L'envie a empoisonné l'esprit des hommes, a barricadé le monde avec la haine, nous a fait sombrer dans la misère et les effusions de sang. Nous avons développé la vitesse pour nous enfermer en nous-mêmes. Les machines qui nous apportent l'abondance nous laissent dans l'insatisfaction. Notre savoir nous a fait devenir cyniques. Nous sommes inhumains à force d'intelligence, nous pensons beaucoup trop et nous ne ressentons pas assez. Nous sommes trop mécanisés et nous manquons d'humanité. Nous sommes trop cultivés et nous manquons de tendresse et de gentillesse. Sans ces qualités humaines, la vie n'est plus que violence et tout est perdu. Les avions, la radio nous ont rapprochés les uns des autres, ces inventions ne trouveront leur vrai sens que dans la bonté de l'être humain, que dans la fraternité, l'amitié et l'unité de tous les hommes »*.

Ainsi, la part de conscience qui est la mienne me fait compatir et aimer, non pas dans un semblant de charité sociale ni dans un besoin sexuel primaire et moins encore dans une passion dévorante, mais bien dans l'acceptation des différences, dans la reconnaissance des particularités et le respect des personnes, quel que soit leur sexe, leur couleur, leur langue, leurs traditions, leur statut, leur grade, leur intelligence, leurs exploits, leurs tares et leurs manques.

L'Humanité, grande foire à l'empathie, communion des êtres, exceptionnelle machine à produire des liaisons muettes, de la folie créatrice, de l'amour indicible. Née de la combinaison d'éléments infiniment petits, invisibles et silencieux dont la valeur ajoutée individuelle peut être considérée comme nulle, il fallait le faire ! Pari osé, pari insensé, pari inespéré, mais… pari gagné ! Malgré ses drames et ses horreurs, elle avance dans la reconnaissance de la personne, résultat miraculeux d'une auto-organisation, d'une sélection, d'une symbiose et d'une homéostasie au travail dans une cohésion exemplaire depuis près de quatre milliards d'années pour finalement aboutir à l'émergence de cette étrange créature capable d'intuitions et du don le plus gratuit, le plus désintéressé. Merci à elles pour nous avoir modelés de la sorte : On aurait pu s'attendre à pire ! En cela le chemin chaotique parsemé d'obstacles innombrables que nous avons déjà parcouru et que nous continuons à gravir semble la bonne voie. Ni recherche de plus de biens superflus, ni retrait des sens, mais un vécu planétaire respectueux des cultures avant de disparaitre du Cosmos, tous consumés dans le chaudron solaire. Je n'ai finalement qu'une seule certitude : *Diligo ergo sum*, j'aime donc je suis. L'ogre numérique ne pourra jamais restreindre ma liberté d'être, bête comme il est, incapable de partager les fulgurances et les amitiés qui m'animent.

Voilà ce qui fait me lever chaque matin ! La haine ne peut prétendre vaincre définitivement, car nous sommes d'abord des êtres d'émotion, d'attention et de collaboration depuis les éléments galactiques les plus lointains jusque dans les plus petits recoins de notre anatomie, comme dans les plus infimes fonctions de notre physiologie à l'origine de nos rires et de nos larmes, ensemble.

*Kermouster, le 31 Mars 2019*

# SCIENCES HUMAINES ET SOCIALES, LETTRES AUX ÉDITIONS L'HARMATTAN

*Dernières parutions*

**LA CUISINE CAMEROUNAISE**
**Mots, pratiques et patrimoine**
*Téguia Bogni*
*Sous la direction de - Préface de Bruno Gain (ancien ambassadeur de France au Cameroun)*
Cet ouvrage est une compilation de sept travaux de chercheurs se réclamant des disciplines ci-après : linguistique, sociologie, histoire, didactique et littérature. Certains travaux abordent des questions épistémologiques et théoriques, lesquelles ouvrent des pistes sur des sentiers encore inexplorés de la recherche en food studies au Cameroun. Toutes les études présentent la cuisine camerounaise comme une richesse méconnue dont les peuples qui la possèdent devraient, en premier, tirer profit. Ces travaux traitent donc des questions relatives à l'alimentation en sciences sociales
*(Coll. Études Eurafricaines, 210 p., 22,5 euros)*
*ISBN : 978-2-343-16708-4, EAN EBOOK : 9782140115066*

**GASSAMA COEUR-DE-LION**
**Le courage et l''héroïsme d'un migrant**
*Joseph Ndzomo-Molé*
En observant Mamoudou Gassama, jeune Malien immigré clandestin à Paris, escaladant un immeuble pour sauver un petit Français suspendu au quatrième étage et passant subitement, grâce à cet acte héroïque, du statut de quidam à celui d'une célébrité reçue par des chefs d'états, on est amené à réfléchir sur le courage, l'héroïsme et le phénomène migratoire en Europe, qui est sans doute un signe des temps de la mondialisation. L'auteur propose l'organisation de sommets sur la migration : à l'échelle de l'Afrique, qui perd en cerveaux et en bras rentabilisables pour son propre compte et à l'échelle de l'Europe, grande plaignante.
*(Coll. Points de vue, 104 p., 12,5 euros)*
*ISBN : 978-2-343-16071-9, EAN EBOOK : 9782140114977*

**ITINÉRAIRE D'UN TRANSCLASSE**
**Au centre de la marge**
*Nicolas Balutet*
Les sociologues Pierre Bourdieu et Jean-Claude Passeron parlent ainsi d' « acculturation » pour caractériser l'acquisition de la culture dans le cas des fils d'agriculteurs, d'ouvriers, d'employés ou de petits commerçants. Loin d'être naturel, cet apprentissage relève d'une véritable « conquête ». C'est l'histoire de cette conquête semée de doutes, de difficultés mais aussi de grands bonheurs et de rencontres qu'entend retracer cet ouvrage qui éclaire d'un jour nouveau les goûts esthétiques et

les préoccupations épistémologiques d'un « transclasse », aujourd'hui spécialiste des études sur les identités en Amérique hispanique. Situés « au centre de la marge », les travaux de Nicolas Balutet s'appesantissent non seulement sur des questions liées à des individus discriminés en raison de leur genre, de leur préférence sexuelle, de leur ethnie, etc., mais s'appuient également parfois sur des corpus dépréciés.

*(Coll. Homotextualités, 168 p., 18 euros)*

*ISBN : 978-2-343-16738-1, EAN EBOOK : 9782140115059*

## DE L'UNIVERS ÉTERNEL À L'ÉTERNITÉ DE L'HOMME

*Jean-Jack Micalef*

Cet ouvrage retrace l'odyssée de l'univers et celle du devenir de l'Esprit incarné dans l'homme. L'auteur postule un univers éternel n'ayant jamais fait l'objet d'une création. Il s'oppose à la cosmologie du Big Bang qui s'inscrirait dans la tradition religieuse d'une genèse du monde. Un univers éternel permet de penser l'essence éternelle de l'homme dont la naissance ne serait plus exceptionnelle dans le cosmos. En effet, le sens général de l'évolution aurait une seule finalité : accoucher de l'Esprit pour que l'univers se comprenne lui-même à travers l'esprit de l'homme.

*(Coll. Ouverture Philosophique, 230 p., 24,5 euros)*

*ISBN : 978-2-343-16813-5, EAN EBOOK : 9782140115073*

## AUGUSTE COMTE

**La religion de l'Humanité : l'échec d'une transmission**

*Florian Uzan*

Auguste Comte fut un grand philosophe, concepteur de la sociologie, du positivisme et de la théorie des trois états. On oublie cependant qu'il fut aussi à l'origine d'une religion personnelle, un culte des morts destiné à relier et rallier l'humanité tout entière. Mais que reste-t-il de son oeuvre ? Si son influence quasi mondiale n'est plus à démontrer, comment expliquer l'échec de sa religion ?

*(Coll. Ouverture Philosophique, 288 p., 29 euros)*

*ISBN : 978-2-343-16499-1, EAN EBOOK : 9782140114533*

## MYTHE ET LITTÉRATURES AFRICAINES : LA MISE EN TEXTE DE L'IMAGINAIRE

*Mamadou (Mauritanie) Diop, Mamadou Kalidou Ba*

La variété et la richesse de la mythologie africaine suscitent toujours l'intérêt des mythologues, ethnologues et chercheurs en littérature. La vision commune des chercheurs a fini par établir que le mythe est une disposition mentale traduisant le besoin de restituer par une « forme simple » ou un « geste verbal » les origines sacrées. Les auteurs des différents articles de cet ouvrage interrogent, en partant de la labilité du mythe, les possibilités du pouvoir créatif et réflexif de l'imaginaire mythique revisité par les écrivains.

*(Coll. Culture Africaine, 254 p., 26,5 euros)*

*ISBN : 978-2-343-16102-0, EAN EBOOK : 9782140112287*

## PARLONS BALTI

**Au pays du K2 - Pakistan**

*Karim Khan Saka*

*Préface de Brigitte et Michel Grelaud*

La langue balti est considérée comme l'ancienne forme de la langue tibétaine. Selon un sondage, le balti est parlé aujourd'hui par 770 000 personnes. En dehors du Tibet, on l'emploie dans trois provinces de la Chine (Xinjiang, Sichuan et Yunnan), au Bhoutan, au Népal et en Inde (Sikkim, Poraig, Ladakh). Au Baltistan, dans le nord du Pakistan, cette langue est parlée par une population de 400 000 personnes.

*(Coll. Parlons, 166 p., 18 euros)*

*ISBN : 978-2-343-16962-0, EAN EBOOK : 9782140114960*

## LA PSYCHANALYSE

**Les sources d'inspiration de Jacques Lacan du Parménide à Averroès**

*Stoïan Stoïanoff-Nenoff*

Cet essai nous invite à revisiter plusieurs points de l'enseignement de Jacques Lacan que le psychanalyste a repris et développé à partir de certaines propositions d'auteurs anciens. Chemin faisant, on est en mesure de redessiner le noeud borroméen d'après son origine géographique. A l'instar de Porphyre, Lacan n'a-t-il pas rajeuni de vieux mythes en leur donnant une portée psychanalytique ?

*(166 p., 18 euros)*

*ISBN : 978-2-343-15197-7, EAN EBOOK : 9782140114946*

## POURQUOI ENSEIGNER LES MÉDIAS ?

**La pratique de la classe médias**

*Didier Le Galle*

*Préface de Jean-Michel Thénard*

L'éducation aux médias est devenue un enjeu démocratique majeur dans un contexte politique où les valeurs de la République sont malmenées ; l'école ne doit pas rester spectatrice, mais devenir actrice des nouveaux enjeux républicains. Cet ouvrage invite le lecteur à réfléchir sur la place des médias, inventorie les possibilités offertes par l'Education nationale pour enseigner les médias et présente la mise en place d'une structure pédagogique innovante : la classe médias.

*(Coll. Nouvelles pédagogies, 262 p., 27 euros)*

*ISBN : 978-2-343-15449-7, EAN EBOOK : 9782140114892*

## LA PRESSE CONGOLAISE DE FRANCE 1995-1997

*Jerry Mpereng*

Cet ouvrage est une étude monographique de la presse congolaise parue en France entre 1995 et 1997 dans la diaspora. Cette production journalistique est particulièrement riche en informations sur cette communauté en exil, mais elle révèle aussi un fonctionnement spécifique, du fait qu'elle évolue en dehors des circuits de fabrication et de distribution de la presse française. L'intérêt de ce livre réside donc dans l'analyse méthodique d'une source d'information.

*(Coll. Études africaines, 108 p., 13 euros)*

*ISBN : 978-2-343-15285-1, EAN EBOOK : 9782140114557*

## LA PROBLÉMATIQUE DE "L'ENTRE-DEUX"

**Dans les littératures des "intrangèr-es"**

*Ioana MARCU*

En s'inscrivant dans la lignée de contributions qui ont renouvelé les questionnements soulevés par la littérature issue de l'immigration maghrébine, cette étude est une étape importante dans la normalisation du dialogue entre la « République mondiale des lettres » et les productions littéraires des « intrangers ». Tant par son étendue que par son érudition et sa profondeur, elle constitue un jalon remarquable dans le domaine des littératures et cultures francophones.

*(Coll. Études transnationales, francophones et comparées, 348 p., 36 euros)*

*ISBN : 978-2-343-13870-1, EAN EBOOK : 9782140114045*

## CAPITALISME OU TECHNOCRATIE ?

**Sociologie des transformations sociales et politiques contemporaines**

*Sous la direction de Simon Le Roulley et Mathieu Uhel*

Au centre du débat proposé par cet ouvrage, une question : vivons-nous encore dans un régime caractérisé par les rapports sociaux capitalistes ? Ou sommes-nous passés vers un mode de production technocratique ? Mêlant enquêtes thématiques sur différents champs (enseignement supérieur, industrie pharmaceutique, urbanisme, filière nucléaire), focus sur des secteurs clés (métropoles, Caisse des Dépôts et Consignations, CAC40, EDF, SNCF et Association Française des Entreprises Privées) et débats théoriques sur le mode de production, les contributions réunies ici tentent d'apporter des ouvertures sur une question sociale et politique au coeur de notre époque.

*(Coll. Sociologies et Environnement, 230 p., 24,5 euros)*

*ISBN : 978-2-343-15772-6, EAN EBOOK : 9782140114717*

## BAUDELAIRE ET LA VÉRITÉ POÉTIQUE

*Régine Foloppe*

Quelle force de vérité accorder à la poésie ? Apparemment aucune selon Baudelaire. C'est pourtant lui qui assure le passage décisif vers une poésie qui remet en question ses fondements, son devenir, sa nécessité, une poésie qui exige d'être sans cesse perception à valeur existentielle. La réflexivité poétique qui s'exerce entre apparence et tréfonds de l'homme exacerbe le poétique et le menace. Où, quand, comment et vers quoi se joue le vrai du poème ? Pourquoi cette oeuvre pose-t-elle les enjeux de la modernité ? Se débattant contre tout Idéal absolu, la poétique baudelairienne désire la liberté incarnée et douloureuse de l'artiste, de l'humain.

*(458 p., 42 euros)*

*ISBN : 978-2-343-15764-1, EAN EBOOK : 9782140114403*

## Structures éditoriales du groupe L'Harmattan

**L'Harmattan Italie**
Via degli Artisti, 15
10124 Torino
harmattan.italia@gmail.com

**L'Harmattan Hongrie**
Kossuth l. u. 14-16.
1053 Budapest
harmattan@harmattan.hu

---

**L'Harmattan Sénégal**
10 VDN en face Mermoz
BP 45034 Dakar-Fann
senharmattan@gmail.com

**L'Harmattan Cameroun**
TSINGA/FECAFOOT
BP 11486 Yaoundé
inkoukam@gmail.com

**L'Harmattan Burkina Faso**
Achille Somé – tengnule@hotmail.fr

**L'Harmattan Guinée**
Almamya, rue KA 028 OKB Agency
BP 3470 Conakry
harmattanguinee@yahoo.fr

**L'Harmattan RDC**
185, avenue Nyangwe
Commune de Lingwala – Kinshasa
matangilamusadila@yahoo.fr

**L'Harmattan Congo**
67, boulevard Denis-Sassou-N'Guesso
BP 2874 Brazzaville
harmattan.congo@yahoo.fr

**L'Harmattan Mali**
Sirakoro-Meguetana V31
Bamako
syllaka@yahoo.fr

**L'Harmattan Togo**
Djidjole – Lomé
Maison Amela
face EPP BATOME
ddamela@aol.com

**L'Harmattan Côte d'Ivoire**
Résidence Karl – Cité des Arts
Abidjan-Cocody
03 BP 1588 Abidjan
espace_harmattan.ci@hotmail.fr

**L'Harmattan Algérie**
22, rue Moulay-Mohamed
31000 Oran
info2@harmattan-algerie.com

**L'Harmattan Maroc**
5, rue Ferrane-Kouicha, Talaâ-Elkbira
Chrableyine, Fès-Médine
30000 Fès
harmattan.maroc@gmail.com

---

## Nos librairies en France

**Librairie internationale**
16, rue des Écoles – 75005 Paris
librairie.internationale@harmattan.fr
01 40 46 79 11
www.librairieharmattan.com

**Lib. sciences humaines & histoire**
21, rue des Écoles – 75005 Paris
librairie.sh@harmattan.fr
01 46 34 13 71
www.librairieharmattansh.com

**Librairie l'Espace Harmattan**
21 bis, rue des Écoles – 75005 Paris
librairie.espace@harmattan.fr
01 43 29 49 42

**Lib. Méditerranée & Moyen-Orient**
7, rue des Carmes – 75005 Paris
librairie.mediterranee@harmattan.fr
01 43 29 71 15

**Librairie Le Lucernaire**
53, rue Notre-Dame-des-Champs – 75006 Paris
librairie@lucernaire.fr
01 42 22 67 13

www.ingramcontent.com/pod-product-compliance
Lightning Source LLC
LaVergne TN
LVHW010952061026
849535LV00006B/1690